高等学校大学计算机课程系列教材

数据结构与算法
实践指导 微课版

张彬连 孟利华 徐洪智 编著

清华大学出版社
北京

内 容 简 介

本书共 11 章，第 1～8 章为数据结构相关知识的验证以及应用这些知识解决实际问题，内容包括顺序表、链表、栈、队列、二叉树、图、查找与排序；第 9～11 章为算法，分别利用贪心算法、回溯算法和动态规划算法解决实际问题。每章包括知识简介、实验目的、实验范例、实验任务、任务提示等内容。将理论和实践相结合，在实验中验证理论知识，使读者进一步掌握常用数据结构的基本概念及其不同的实现方法。将任务和实际问题相结合，培养读者分析问题与解决问题的能力，并提高对复杂数据结构和算法的理解水平。

本书可作为普通高校计算机类本科专业的数据结构与算法课程的辅助教材，也可作为初学数据结构读者的自学读物，对于从事软件开发的技术人员也有一定的参考价值。

图书在版编目(CIP)数据

数据结构与算法实践指导：微课版 / 张彬连，孟利华，徐洪智编著. -- 北京：清华大学出版社，2024.12. -- (高等学校大学计算机课程系列教材). -- ISBN 978-7-302-67845-8

Ⅰ. TP311.12

中国国家版本馆 CIP 数据核字第 20247US879 号

责任编辑：苏东方
封面设计：刘　健
责任校对：申晓焕
责任印制：沈　露

出版发行：清华大学出版社
　　　　　网　　　址：https://www.tup.com.cn，https://www.wqxuetang.com
　　　　　地　　　址：北京清华大学学研大厦 A 座　　　　邮　　编：100084
　　　　　社 总 机：010-83470000　　　　　　　　　　　邮　　购：010-62786544
　　　　　投稿与读者服务：010-62776969，c-service@tup.tsinghua.edu.cn
　　　　　质量反馈：010-62772015，zhiliang@tup.tsinghua.edu.cn
　　　　　课件下载：https://www.tup.com.cn，010-83470236
印 装 者：三河市龙大印装有限公司
经　　销：全国新华书店
开　　本：185mm×260mm　　　印　　张：10.75　　　字　　数：262 千字
版　　次：2024 年 12 月第 1 版　　　　　　　　　印　　次：2024 年 12 月第 1 次印刷
定　　价：39.00 元

产品编号：102213-01

前　言

在计算机科学的学习过程中,理论知识与实践操作相辅相成,缺一不可。数据结构与算法作为计算机科学的基石,对其理解和应用的能力直接影响软件开发的效率与质量。本实验指导书旨在引导读者通过实验,将抽象的理论知识转化为具体的编程实现,从而深入理解和掌握各类数据结构与算法的设计原理和实现方法。

本书共11章,第1~8章为数据结构相关知识的验证以及应用这些知识解决实际问题,内容包括顺序表、链表、栈、队列、二叉树、图、查找与排序。通过对这些知识的学习和实验,读者可进一步掌握常用数据结构的不同实现方法,并对在不同存储结构上实现不同的运算方法和技巧有所体会,同时学会利用数据结构的知识解决具体的应用问题。第9~11章为算法,分别利用贪心算法、回溯算法和动态规划算法解决实际问题,培养读者分析问题、算法设计与优化的能力。

本书的特色体现在以下两方面:

(1) 每章实验首先提供实验范例,然后布置实验任务。通过实验范例,增强学生对知识的理解与认知。以实验范例为参考,完成实验任务,从而提高学生的实验成功率,同时激发学生的学习兴趣和提高创新能力。

(2) 每章的实验内容和真实案例相结合,不仅可以加深学生对理论知识的理解,还可提高实际分析问题和解决问题的能力。

在本书的编写过程中得到了单位同事及同行们的大力帮助,也凝结了出版社多位编辑的辛勤汗水,对此表示诚挚的谢意。

限于编者水平,书中难免存在不足之处,恳请读者批评指正。

作　者

2024 年 11 月

目　　录

第 1 章 顺 序 表

线性结构是一种最简单、最常用的数据结构,而线性表是线性结构的一种。很多应用系统中的数据单独来看都是线性结构,如班级学生成绩表、水电费缴费记录、工厂生产的商品列表等。顺序表是线性表的顺序存储方式,本章实验内容是以此为基础来解决问题。

1.1 知 识 简 介

1.1.1 顺序表结构

视频讲解

线性表的顺序表示称为顺序存储结构或顺序映像,是将逻辑上相邻的数据元素存储在物理上相邻的存储单元中,即逻辑上相邻,物理上也相邻。顺序存储是用一组地址连续的存储单元依次存储线性表中的元素。

如有 n 个元素的线性表$(a_1, a_2, \cdots, a_{i-1}, a_i, \cdots, a_n)$的顺序存储如图 1-1 所示。

1	2	⋯	$i-1$	i	⋯	n
a_1	a_2	⋯	a_{i-1}	a_i		a_n

图 1-1 线性表的顺序存储结构

假设用 $\mathrm{Loc}(a_i)$ 表示第 i 个数据元素的存储位置,$\mathrm{Loc}(a_1)$ 就表示第一个数据元素的存储位置,每个元素占 c 个存储单元,则有:

$$\mathrm{Loc}(a_i) = \mathrm{Loc}(a_1) + (i-1) \times c$$

每个数据元素的存储位置和起始位置相差一个常数,这个常数和数据元素在线性表中的位序成正比。因此,只要确定了起始位置,线性表中的任一数据元素都可以随机存取,所以顺序表是一种随机存取的存储结构。

1.1.2 顺序表的表示

一般而言,顺序表有两种表示方式,一种是静态顺序表,它的长度是固定的;另一种是动态顺序表,它的长度可以自定义。C 语言中的数组元素在内存中是连续存放的且具有随机存取的特性,因此可以用数组的方式来描述线性表的顺序存储,可定义静态顺序表如下:

```
#define MAXSIZE  100          //线性表的最大长度
typedef struct SqList
{
    ElemType  elem[MAXSIZE];  //存放顺序表中的元素
    int length;               //顺序表中已有有效元素的个数
}SqList;
```

采用这种方式定义顺序表时,确定了表中元素的最大个数,且在程序中不能被修改。如有定义 SqList L,则 L 是一个静态顺序表,最多可放 100 个元素。

C语言中也可以使用 malloc()函数动态申请一段连续的存储空间,可定义动态顺序表如下:

```
#define MAXSIZE   100      //线性表的最大长度
typedef struct SqList
{
    ElemType   * elem;    //顺序表中存放元素空间首地址
    int length;           //顺序表中已有有效元素的个数
    int size;             //顺序表的大小
}SqList;
```

采用这种方式定义顺序表时,表中元素的最大个数可以根据需要确定,在程序中也可根据需要进行扩充。其中 size 表示顺序表可以存储的数据元素个数,如果空间不够时不考虑扩充空间,size 可以不定义。elem 是指针类型,定义 SqList L 后,顺序表 L 中存放数据元素的空间没有分配,需要动态分配空间。定义一个初始化函数,如用 InitSqList(SqList &L)初始化顺序表 L,实现方式如下:

```
int InitSqList(SqList &L)
{
    L.elem=(ElemType * )malloc(MAXSIZE * sizeof(ElemType));
    if(L.elem==NULL)
        exit(-1);          //退出程序
    L.length = 0;          //初始长度为 0
    return 1;
}
```

顺序表 L 经过初始之后,最多可放 MAXSIZE 个元素,访问方式仍然为 L.elem[有效下标]。由于数组下标从 0 开始,数据元素 a_1、a_2、$\cdots$、a_n 在数组中的下标分别是 0、1、$\cdots$、length-1。因此,在顺序表 L 中访问元素的方式为 L.elem[有效下标],有效下标的范围是 [0,length -1]。InitSqList()函数中使用了 malloc()函数动态申请空间,所以在程序结束之前的某个位置应将这些内存空间释放,否则会导致内存泄漏。C 语言中用 free()释放 malloc()申请的内存,因此可定义一个函数调用 free()释放内存,例如:

```
void DestroySqList(SqList &L)            //释放顺序表 L 中申请的内存
{
    if(L.elem != NULL)                   //如果 elem 指向的内存没有被释放
    {
        free(L.elem);                    //释放 elem 指向的内存
        L.elem = NULL;                   //释放内存之后,赋值 L.elem 为 NULL
    }
}
```

对顺序表的操作还包括取值、查找、插入、删除等,这些操作需要分别定义函数来实现。

需要注意的是,ElemType 是元素类型,它是一个抽象的概念,可以表示任何类型。例如线性表中存放整数,则可在定义之前加入 typedef int ElemType,元素类型就变为整型,也可以在定义顺序表时将 ElemType 修改为所需类型。

1.2 实验目的

本章的实验案例是以顺序表作为存储结构,通过实验加深对顺序表的理解,培养以顺序表作为线性表的存储结构解决实际问题的能力,并能分析其时间和空间复杂度,同时锻炼学生实际编程和算法设计的能力。

1.3 实验范例

视频讲解

一个班有 50 个学生,每个学生的信息有学号、姓名和性别,现在有大学英语和高等数学两门课程组织了考试,每个学生获得了相应的成绩,学生信息如表 1-1 所示,要求设计一个简单的管理系统对学生信息进行管理,用顺序表实现。

表 1-1 学生成绩表

学号	姓名	性别	大学英语	高等数学
2023001	Alan	F	93	88
2023002	Danie	M	75	69
2023003	Peter	M	56	77
2023004	Bill	F	87	90
2023005	Helen	M	79	86
2023006	Amy	F	68	75

范例 1 初始化顺序表

要求建立一个长度为 0 的顺序表,用于存放学生的信息。

1. 问题分析

顺序表中每个元素用来存储一个学生的信息,因此需要先定义结构体类型,用 ElemType 代表该结构体类型。接着定义顺序表类型,并初始化顺序表 L,分配能放 MAXSIZE 学生信息的空间。初始化时并未输入学生信息,因此将顺序表的有效元素个数 length 初始化为 0。

2. 算法描述

首先定义结构体类型,包含学号、姓名、大学英语成绩、高等数学成绩,定义如下:

```
typedef struct Student
{
    char No[8];              //学号
    char name[16];           //姓名
    char sex;                //性别
    int english;             //大学英语成绩
    int math;                //高等数学成绩
}Student;
```

在本实验中当空间不够时,不考虑追加空间,所以顺序表 SqList 中不需要定义 size 成员。顺序表 SqList 定义如下:

```
typedef struct SqList
{
    Student  * elem;          //存放学生信息空间的首地址
    int length;               //存放的学生人数
}SqList;
```

或者:

```
typedef Student ElemType;
typedef struct SqList
{
    ElemType   * elem;        //存放学生信息空间的首地址
    int length;               //存放的学生人数
}SqList;
```

顺序表类型定义完成后,定义函数 InitSqList(SqList &L)对顺序表 L 进行初始化。该函数首先申请 MAXSIZE 个可以存放 Student 变量(或对象)的空间,将顺序表 L 的初始长度 length 设置为 0。InitSqList()函数的实现方式如下:

```
int InitSqList(SqList &L)           //初始化顺序表 L
{
    //申请 MAXSIZE 个 sizeof(Student)大小的内存空间
    //然后将申请到的空间的地址强制转换为 Student * 类型
    L.elem=( Student * )malloc(MAXSIZE * sizeof(Student));
    if(L.elem == NULL)
        exit(-1);               //退出程序
    L.length = 0;               //初始长度为 0
    return 1;
}
```

初始化函数 InitSqList()定义完成后,在 main()函数中定义 mylist 为 SqList 类型,然后调用 InitSqList()函数即可对 mylist 进行初始化,具体语句如下:

```
# include <stdio.h>
# include <stdlib.h>
# define MAXSIZE 100
//在 main()之前加入类型定义和函数定义
int main()
{
    SqList mylist;
    InitSqList(mylist);
    return 0;
}
```

3. 算法分析

利用 InitSqList()函数初始化顺序表 L 时,只需申请空间并设置 length 值,每个语句最多执行 1 次。因此,该函数的时间复杂度为 $O(1)$。

范例 2　输入 n 个学生的信息

要求把 n(例如 $n=50$)个学生的信息输入到顺序表 mylist 中,每个学生的信息按学号、姓名、英语成绩、数学成绩的次序输入。

1. 问题分析

范例 1 已经定义了顺序表 mylist 可用于存放学生信息,现要求输入 n 个学生的信息。输入过程通过循环实现,这里使用 for 循环,一个学生即为一个元素,在 for 循环内一次输入一个学生信息,总共执行 n 次即可。因此,可设计函数 InputSqList(SqList &L, int n)实现在 L 中添加 n 个元素。为了检测数据是否输入正确,可以将顺序表中的信息输出,定义函数 PrintListInfo(SqList L)输出顺序表中存储的学生信息。

2. 算法描述

Student 类型中学号和姓名是字符数组,性别是字符型,为了保证输入的字符正确,在输入学号、姓名和性别之前调用 fflush(stdin)以清空输入缓冲区。InputSqList(SqList &L, int n)函数定义如下:

```
void InputSqList(SqList &L, int n)
{
    int i;
    for(i = 0; i < n; i++)
    {
        //以下读入第 i 个学生的信息
        printf("第%d 个学生的信息\n",i+1);
        fflush(stdin);          //清空输入缓冲区
        printf("学号:");
        gets(L.elem[i].No);
        printf("姓名:");
        fflush(stdin);
        gets(L.elem[i].name);
        printf("性别: ");
        scanf("%c",&L.elem[i].sex);
        printf("大学英语成绩: ");
        scanf("%d",&L.elem[i].english);
        printf("高等数学成绩: ");
        scanf("%d",&L.elem[i].math);
    }
    L.length = n;              //有效数据长度为 n
}
```

在 main()函数中调用 InputSqList()函数,输入 50 个学生的信息,方法如下:

```
InputSqList(mylist, 50);
```

需要注意的是在 InputSqList()函数中没有对数据的合法性进行验证。因此,在对数据进行输入时,也可以将以上 for 语句中的输入进行如下改造。

定义函数 InputOneStu(Student &stu)用于输入一个学生的数据,然后定义一个临时变量 Student tmpstu，再调用 InputOneStu()函数将输入的学生信息存入 tmpstu，从而 InputSqList(SqList &L，int n)函数可改写成如下形式：

```
void InputOneStu(Student &stu)
{
    fflush(stdin);                    //清空输入缓冲区
    printf("学号:");
    gets(stu.No);
    fflush(stdin);
    printf("姓名:");
    fflush(stdin);
    gets(stu.name);
    printf("性别: ");
    scanf("%c",&stu.sex);
    printf("大学英语成绩: ");
    scanf("%d",&stu.english);
    printf("高等数学成绩: ");
    scanf("%d",&stu.math);
}
void InputSqList(SqList &L, int n)
{
    int i;
    Student tmpstu;
    for(i = 0; i < n; i++)
    {
        InputOneStu(tmpstu);
        L.elem[i] = tmpstu;
    }
    L.length = n;                     //有效数据长度为 n
}
```

改写后函数内部更加清晰整洁。

如果 Student 内部包含指针变量，例如学生信息还包含家庭地址信息，此家庭地址定义为字符指针变量，如 char * address。在为 address 赋值时，需给该指针分配空间，然后调用 strcpy 函数将家庭地址信息复制到该空间中。此时需要定义函数以实现数据元素赋值，假设定义函数 CopyStu(Student &this_stu，Student &other_stu)，在输入学生信息时调用该函数 CopyStu(L.elem[i]，tmpstu)代替语句 L.elem[i] = tmpstu 实现赋值。

在 main()函数中调用 InputSqList()函数的方法如下：

```
int main()
{
    SqList mylist;
    InitSqList(mylist, 50);
    InputSqList(mylist, 50);          //读入 50 个学生的信息到 mylist 中
    return 0;
}
```

3. 算法分析

InputOneStu()函数每读入一个学生的数据时函数内每个语句执行 1 次,因此 InputOneStu()函数的时间复杂度为 $O(1)$。InputSqList()函数需要读入 n 个学生的数据, 即需调用 InputOneStu()函数 n 次。因此,InputSqList()函数的时间复杂度为 $O(1*n)$,即 $O(n)$。

范例 3　查找学生信息

要求在 mylist 顺序表中查找某一姓名(如姓名为"Peter")的同学的信息,并将查到的信息显示出来。

1. 问题分析

顺序表 mylist 中已经有 50 个学生的信息,可以从第一个数据元素开始向后查找,比较该元素中的姓名是否为要查找的姓名,如果顺序表中某个元素的姓名等于查找的姓名,则输出该数据元素的信息。定义一个函数在顺序表 L 中查找姓名为 name 的学生。调用 InputSqList(mylist,50)函数后,顺序表 L 的结构如图 1-2,可以从 L.elem[0]开始,比较该元素的姓名是否为要查找的姓名 name,由于 name 是字符数组,比较需要通过调用 strcmp (L.elem[0].name, name)实现。判断 strcmp(L.elem[0].name, name)的结果是否为 0,如果结果为 0 则 L.elem[0]元素中的姓名和要查找的姓名相同。如果 L.elem[0]中的姓名和要查找的姓名不同,则继续比较 L.elem[1]中的姓名,以此类推。因此,可以定义一个循环变量 i,i 从 0 开始一直到 L.length-1,比较 L.elem[i]中的姓名是否为要查找的姓名,如果是则输出相关信息。

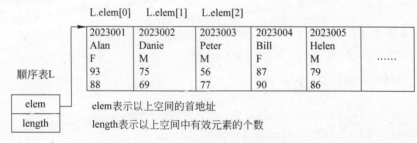

图 1-2　顺序表 L 的结构

2. 算法描述

```
//在顺序表 L 中,查找姓名为 name 的学生,如果找到则输出其信息
void SearchElemSqList(SqList L, char * name)
{
    int i;
    for(i=0; i<L.length; i++)                        //从第一个学生开始向后查找
    {
        if(strcmp(L.elem[i].name, name) == 0)        //如果有姓名为参数 name 的同学
        {
            printf("学号: %s\n",L.elem[i].No);
            printf("姓名: %s\n",L.elem[i].name);
            printf("性别: %c\n",L.elem[i].sex);
            printf("大学英语成绩: %d\n",L.elem[i].english);
```

```
            printf("高等数学成绩: %d\n",L.elem[i].math);
        }
    }
}
```

然后在 main() 函数中调用函数 SearchElemSqList() 即可实现按姓名查找,例如要查找姓名为"Peter"的学生的信息,函数调用形式如下:

```
SearchElemSqList(mylist, "Peter");
```

需要注意的是,SearchElemSqList() 函数实现了查找和输出数据元素信息两个功能,不符合模块化设计思想。可以将其输出信息部分从函数中去掉,当找到名为"Peter"的同学之后则返回该元素的下标。如果整个表查找后,未找到"Peter",则返回 −1(−1 是一个不存在的下标)。SearchElemSqList 函数可以改写如下:

```
int SearchElemSqList(SqList L, char * name)      //函数的返回值为 int 类型,表示下标
{
    int i;
    for(i=0; i<L.length; i++)
    {
        if(strcmp(L.elem[i].name, name) == 0)    //有姓名为参数 name 的同学
            return i;                            //返回元素所在的位置(下标)
    }
    return -1;
}
```

对于原来的输出部分,设计一个函数 PrintStuInfo(SqList L, int i)用于输出顺序表 L 中的第 i 个元素的信息,这里的 i 表示元素的下标。

```
void PrintStuInfo(SqList L, int i)
{
    printf("学号: %s\n",L.elem[i].No);
    printf("姓名: %s\n",L.elem[i].name);
    printf("性别: %c\n",L.elem[i].sex);
    printf("大学英语成绩: %d\n",L.elem[i].english);
    printf("高等数学成绩: %d\n",L.elem[i].math);
}
```

然后在 main() 函数中调用函数 SearchElemSqList() 即可实现查找,再将找到的结果通过函数 PrintStuInfo() 进行显示。由于函数 SearchElemSqList 中调用了库函数 strcmp,该函数在头文件 string.h 中,因此在源文件开头需加入 ♯inlcude <string.h>。主函数定义如下:

```
int main()
{
    int index;
    SqList mylist;
    InitSqList(mylist, 50);
    InputSqList(mylist, 50);                     //读入 50 个学生的信息到 mylist 中
```

```
index = SearchElemSqList(mylist, " Peter");   //查找姓名为"Peter"的学生
if(index != -1) PrintStuInfo(mylist, index);  //如果找到,输出其信息
return 0;
}
```

3. 算法分析

SearchElemSqList()函数需要从第一个学生开始进行查找,在最坏的情况下需要查看所有学生的信息。因此,SearchElemSqList()函数的时间复杂度为 $O(n)$。

范例 4 插入一个学生的信息

要求在第 i 个位置插入一个学生的信息,原来的第 i 个位置及其之后的学生都向后移动一个位置。

1. 问题分析

在新的学生信息插入之前,原顺序表中的元素如图 1-3 所示。假设要在第 2 个位置插入一个新的元素(即在 L.elem[1]的位置插入一个新的学生信息),则要将原 L.elem[1]移动到 L.elem[2]的位置,将原 L.elem[2]移动到 L.elem[3]的位置,以此类推,直到将原 L.elem[length−1]移动到 L.elem[length]的位置。在程序中如果按照这种方式移动会导致数据被覆盖,因为将原 L.elem[1]移动到 L.elem[2]时,原来 L.elem[2]中的数据会被覆盖。因此,在程序中应该从最后一个元素开始向后移动,即先将 L.elem[length−1]移动到 L.elem[length]的位置,最后将原 L.elem[1]移动到 L.elem[2]的位置。该移动元素的操作需要通过循环实现,这里利用 for 循环实现,即

```
for(j = L.length-1; j >= i-1; j--)
        L.elem[j+1] = L.elem[j];
```

当元素移动完成之后,再将新的元素存入第 2 个位置,利用语句 L.elem[i−1] = stu(stu 为新加入的学生信息)。当加入新的学生信息后,顺序表的有效长度应该增加 1。

L.elem[0]	L.elem[1]	L.elem[2]	L.elem[3]		L.elem[length−1]
2023001 Alan F 93 88	2023002 Danie M 75 69	2023003 Peter M 56 77	2023004 Bill F 87 90	2023005 Helen M 79 86	……

图 1-3 顺序表 L 的元素

此案例是能够插入的情况,并不是所有情况都能插入,所以在移动元素之前需判断该元素能否插入顺序表中。不能插入的情况有如下 4 种:

(1) 当 $i<=0$ 时,插入的位置不正确。

(2) 当 $i>=$ MAXSIZE 时,插入的位置也不正确,因为这个位置已经超过了顺序表的长度范围。

(3) 即使 i 的位置正确,但顺序表已满,即 L.length＝MAXSIZE。对于这种情况,可以把 L 中最后一个元素挤出,也可以提示操作失败。在本例中,将这种情况视为操作失败。

(4) 当 L.length＜i＜MAXSIZE 时,将元素插入 length 之后的位置,不需要移动元素。例如顺序表 L 中最多可以存放 50 个元素,插入之前 L 中已有 10 个元素,现要求将新的元素插入第 15 个位置,即 $i=15$。对于这种情况,可以在程序中提示给出的 i 错误,也可以将

新的元素直接加入 L 的最后。在本例中将新元素加入 L 的最后。

2. 算法描述

定义函数 int InsertElemSqList(SqList &L, Student stu, int i)实现在顺序表 L 中的第 i 个位置插入学生信息为 stu 的元素。函数定义如下:

```
int InsertElemSqList(SqList &L, Student stu, int i)
{
    //插入位置不在 1 到 MAXSIZE 之间,或者空间不够
    if(i < 1 || i > MAXSIZE || L.length == MAXSIZE)
        return 0;
    //空间够但是位置不在 1-L.length 之间,插入最后一个元素后
    if(i > L.length && i<= MAXSIZE)
    {
        L.elem[L.length] = stu;
        L.length++;
        return 1;
    }
    //将元素 L.elem[L.length-1]到 L.elem[i-1]逐个向后移动一个位置
    for(int j = L.length-1; j >= i-1; j--)
        L.elem[j+1] = L.elem[j];
    L.elem[i-1] = stu;          //将 x 插入顺序表中
    L.length++;                 //顺序表 L 的长度加 1
    return 1;
}
```

在 main()函数中调用 InsertElemSqList ()函数的方法如下:

```
int main()
{
    int index;
    SqList mylist;
    InitSqList(mylist, 50);
    InputSqList(mylist, 50);
    index = SearchElemSqList(mylist, " Peter");
    if(index != -1)
        PrintStuInfo(mylist, index);
    Student st;                         //定义一个学生类型的变量 st
    InputOneStu(st);                    //读入 st 的信息
    InsertElemSqList(mylist, st, 5);    //在 mylist 表的第 5 个位置插入 st
    return 0;
}
```

可以通过 InsertElemSqList(mylist,st,5)函数的返回值验证插入操作是否成功。如果操作成功,为了验证插入的位置和数据是否正确,可以在 InsertElemSqList(mylist,st,5);语句之后将顺序表 L 中的元素输出,循环 L.length 次调用函数 PrintStuInfo(mylist,i),i 从 0 到 L.length-1。

3. 算法分析

InsertElemSqList()函数需要从最后一个元素开始将元素逐个向后移动,在最坏的情况下所有学生的信息都要被移动。因此,InsertElemSqList()函数的时间复杂度为 $O(n)$。

1.4 实 验 任 务

完成下列任务,并分析各算法的时间复杂度。

任务 1:按表格的方式打印显示顺序表 L 中的所有信息。

要求:设计一个表头,即第一行显示"学号 姓名 性别 英语 数学 总成绩",然后将每个学生的信息打印一行,尽量使打印出的信息与表头对应项对齐。

任务 2:写一个函数删除顺序表 L 中某一元素。

要求:因有学生留级或转学,需要将该学生信息从表 L 中删除。即根据给出的学号,删除该学号的学生信息。

任务 3:在有序的顺序表中加入元素后,使表仍然有序。

要求:重新初始化线性表 L,要求每次加入新的学生信息后,线性表 L 中的元素按总成绩从高到低排序。

任务 4:将线性表中 L 的数据保存到一个磁盘文件中。

要求:创建一个磁盘文件,将线性表 L 中的元素按次序写入一个文件中,下次实验可以读出该文件中的数据。

1.5 任 务 提 示

1. 任务 1 提示

任务 1 要求打印显示学生信息,可以设计函数 ShowStuInfo(SqList &L) 显示 L 中的信息。该函数先打印表头,然后逐行打印每个学生的信息。因此,ShowStuInfo(SqList &L)函数可设计如下:

```
void ShowStuInfo(SqList &L)
{
    ShowTitle();                        //显示表头标题
    for(i=0; i<L.length; i++)
        ShowOneStuInfo(L.elem[i]);    //显示一个学生的信息
}
```

然后在 ShowTitle()函数和 ShowOneStuInfo()函数中对数据进行格式化即可,比较简单的方法是使用"\t"将数据对齐。

2. 任务 2 提示

从顺序表 L 的第一个元素开始,依次将学生的学号和给出的学号 stuNo 进行比较,如果相等,则将该元素之后的元素都向前移一个位置,同时顺序表的长度减1。可以设计函数 DeleteElemSqList(SqList &L, char * stuNo)来删除顺序表 L 中学号为 stuNo 的学生,函数可设计如下:

```
void DeleteElemSqList(SqList &L, char * stuNo)
{
    i = 0;
    while(i <=L.length-1)
    {
        //如果第 i 个元素值与 e 相等
        if(strcmp(L.elem[i].No, stuNo) == 0)
        {
            //将 i 之后的所有元素逐个向前移动
            //将有序顺序表的表长减 1
            return ;          //元素被删除之后即可返回
        }
        else
            i++;
    }
}
```

3. 任务 3 提示

首先初始化顺序表 L, 然后设计一个添加元素的算法(函数), 当添加一个元素后顺序表 L 内的元素仍然有序, 重复调用这个函数 n 次即可以建立一个长度为 n 的顺序表。本任务要求顺序表内学生的总成绩从高到低排序, 当添加一个元素时顺序表的情况如下:

(1) 顺序表当前为空, 则直接将新的元素加入第一个位置, 即 L.elem[0] 的位置。

(2) 顺序表当前不为空, 即 L.elem[0] 到 L.elem[L.length-1] 中有元素, 且 L.elem[0] 中学生总成绩最大, L.elem[1] 次之, 以此类推, L.elem[L.length-1] 中学生总成绩最小。现在一个新学生 stu 的信息要加入顺序表 L 中, 一般情况下需要将插入点之后的所有元素向后移动一个位置。因此, 可以用一个下标 j 指示当前元素(j 的初值为 L.length-1), 然后将新学生 stu 的总成绩与当前学生 L.elem[j] 的总成绩比较, 当 stu 的总成绩大于 L.elem[j] 的总成绩时, 则将 L.elem[j] 向后移动一个位置, 即 L.elem[j+1]=L.elem[j], 元素移动之后, 再逐个比较 stu 与 L.elem[j] 之前的元素。最后直到 stu 的总成绩小于 L.elem[j] 的总成绩, 然后将 stu 加入 L.elem[j+1] 的位置。因此, 添加一个学生信息的函数可设计如下:

```
int InsertElemSqList(SqList &L, Student stu)
{
    int j;
    if(L.length == 0)
    {
        L.elem[0] = stu;
        L.length = 1;
        return 1;
    }
    j = L.length-1;
    while(j>=0 && stu. english + stu.math > L.elem[j]. english + L.elem[j]. math)
    {
        L.elem[j+1] = L.elem[j];
```

```
        j = j - 1;
    }
    L.elem[j+1] = stu;
    L.Length++;
    return 1;
}
```

需要注意的是在 InsertElemSqList() 函数中没有考虑元素个数超出界限的情况,即没有处理顺序表已满还继续添加元素的情况,请读者自己补充相关代码。

4. 任务 4 提示

本任务要求将顺序表中所有学生数据写入磁盘文件,设计一个参考函数如下:

```
void WriteElemToFile(SqList &L, char * filename)
{
    将数据写入文件的步骤。
    1. 定义文件指针。
    2. 打开文件,可以采用两种格式写入: 文本文件和二进制文件的形式。
    3. 向文件写入数据,用一个 for 循环将 L.elem[i] 逐个写入文件。
    4. 关闭文件。
}
```

顺序表是最简单的数据结构,表中的元素按顺序存放,可以被随机访问。但插入和删除元素时可能需要移动大量的元素,效率不高。此外,顺序表的最大长度一般在初始化时就已被定义,因此在实际操作过程中,可能存在浪费空间或者空间不够的情况。

第2章 链 表

顺序表是线性表的顺序存储方式,链表是线性表的链式存储方式,本章实验内容是以链表作为线性表的存储方式来解决问题。

2.1 知 识 简 介

视频讲解

线性表的链式表示又称为非顺序映像。链式存储是指元素在存储器中的位置是任意的,即逻辑上相邻的数据元素在物理上不一定相邻。数据元素之间的先后关系通过指针实现。常见的链表形式有单链表和双链表两种。

2.1.1 单链表

为了表示相邻两个元素之间前驱和后继的逻辑关系,每个数据元素除了存储本身的信息之外,还需存储其后继元素的存储位置。这两部分就组成了数据元素的存储映像,称为结点(node)。结点包括数据域和指针域,其中数据域用来存储数据元素的信息,指针域用来存储后继元素的存储位置。每个结点只有一个指针域的链表称为单链表,单链表结点结构如图 2-1 所示。

当前元素的数据	指向直接后继的指针

图 2-1　单链表结点结构

单链表结点结构定义如下:

```
typedef struct LNode
{
    ElemType data;          //数据域
    struct LNode  * next;   //指针域
}LNode, * LinkList;
```

应用链表时,为了使链表的第一个结点和其他结点的处理一致,通常在链表的第一个结点之前加一个头结点,这个头结点的结构可以与其他结点相同,也可以和其他结点不同,一般情况下,两者类型一致。例如有 n 个数据元素的带头结点的单链表$(a_1,a_2,\cdots,a_n)$,结构如图 2-2 所示。

图 2-2　带头结点的单链表

单链表可以用头指针的名字来命名,图 2-2 中指向头结点的指针名为 L,则该链表称为单链表 L。

在实际应用中,一般使用指针访问链表。例如,定义一个指向结点 LNode 类型的指针

p，然后应用指针 p 访问链表中的数据。如图 2-3 所示，如果指针 p 指向第 $i-1$ 个元素，则有 p->data$=a_{i-1}$，p->next 为下一个元素的地址，即第 i 个元素的位置。从而 p->next->data$=a_i$。如果想要获取第 i 个元素，必须先找到第 $i-1$ 个元素的地址。同理，如果想要找到第 $i-1$ 个元素，必须先找到第 $i-2$ 个元素的地址。依次向前，直到找到头指针。在单链表中，想要获取第 i 个元素，必须从头指针出发顺链进行寻找。

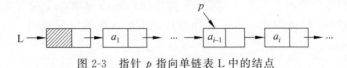

图 2-3　指针 p 指向单链表 L 中的结点

在进行程序设计时，应先定义一个指向结点类型的指针变量，如：

LNode * p;

如果指针 p 指向第 $i-1$ 个元素，将 p 指向第 i 个元素的操作为：$p = p$->next。一般而言，可以先让 p 指向头结点，然后在一定的条件下将 p 向后移动到需要的位置。可参考如下程序段：

```
p = L;                  //先让 p 指向头结点
while(p满足某个条件)
{
    ……                 //其他语句
    p = p->next;        //将 p 往后移动
    ……                 //其他语句
}
```

对于一个链表，经常需要对其进行查找、插入、删除等操作。查找操作可以通过对上述参考程序段进行扩充实现。

对于插入操作，一般是在某个结点之后插入一个新结点，如在 p 结点之后插入一个新结点的基本方法如下：

（1）首先将要插入的元素组装成一个新结点 q。

（2）新结点 q 的指针域赋值为原来 p 结点的指针域的值。

（3）原来 p 结点的指针域赋值为新结点 q。

以上 3 步对应的语句为：

```
q = (LNode * )malloc(sizeof(LNode));
q->data = 给定的值;
q->next = p->next;
p->next = q;
```

因此，当插入新结点时，务必先找到插入的位置，即它前面那个结点。此外，当新结点被 malloc() 函数或 new 操作创建后，用户应该及时给它赋值。

对于删除操作，一般是删除某个结点之后的一个结点，如删除 p 结点之后的一个结点的基本方法如下：

（1）首先用一个指针变量 q 指向要删除的结点。

（2）因为 q 最终会被删除，p 的指针域赋值为 q 结点的指针域的值。

（3）释放 q 指向的结点的空间。

以上 3 步对应的语句为：

```
q = p->next;
p->next = q->next;
free(q);
```

因此，为了删除单链表中的某个结点，应该先找到它的前面那个结点。此外，在删除结点时，要及时调用 free()函数或 delete 操作释放结点所占用的内存空间。

2.1.2 双链表

双链表即双向链表，其每个结点中都有两个指针，分别指向直接后继和直接前驱，其结点结构如图 2-4 所示。因此，从双向链表中的任意一个结点开始，都可以很方便地访问它的前驱结点和后继结点。一般构造双向循环链表，使最后一个结点的后继指针域指向头结点，头结点的前驱指针域指向最后一个结点。

指向直接前驱的指针	当前元素的数据	指向直接后继的指针

图 2-4　双链表结点结构

根据图 2-4，可定义双链表结构如下：

```
typedef struct DuLNode
{
    DElemType data;                    //数据域
    struct DuLNode  * prior;           //指针域,指向前驱结点
    struct DuLNode  * next;            //指针域,指向后继结点
}DuLNode, * DuLCirLinkList;
```

（1）双向循环链表初始化。

初始化双向循环链表就是建立只有头结点的双向循环链表。空的双向循环链表结构如图 2-5 所示。初始化时首先生成头结点 L，然后将头结点的 next 和 prior 域分别指向头结点。

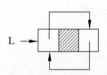

L

图 2-5　空的双向循环链表结构

初始化 L 的主要代码如下：

```
L = (DuLNode *)malloc(sizeof(DuLNode)); //成头结点 L
L->next = L;                            //指针域指向头结点
L->prior = L;                           //指针域指向头结点
```

（2）建立双向循环链表。

和建立单链表类似，建立双向循环链表的过程也是结点"逐个插入"的过程。首先建立一个只含头结点的双向循环链表，然后依次生成新结点，再不断地将其插入链表的头部或尾

部,分别称之为"头插法"和"尾插法"。

使用尾插法将结点 p 插入双向循环链表如图 2-6 所示。

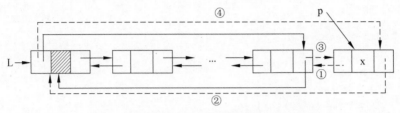

图 2-6　将结点 p 插入双向循环链表 L 的尾部

① p 的直接前驱应为原链表的尾部,对应语句为 p->prior＝L->prior;

② p 的直接后继应为原链表的表头,对应语句为 p->next＝L;

③ p 变为新的尾部,即要将原链表的尾部的直接后继修改为 p,对应语句为 L->prior->next＝p;

④ 因为 p 是新尾部,因此需将表头 L 的前驱修改为 p,对应语句为 L->prior＝p;

当掌握了将一个结点加入链表尾部的方法之后,应用该方法创建双链表可参考如下代码。

```
Status CreateDuLLinkList(DuLCirLinkList &L)
{
    scanf("%d",&length);
    //循环输入元素,并插入链表中
    for( i = 1; i <= length ; i++)
    {
        //生成插入的结点
        DuLNode * p = (DuLNode * )malloc(sizeof(DuLNode));
        输入数据元素的信息;
        p->prior = L->prior;
        p->next = L;
        L->prior->next = p;
        L->prior = p;
    }
    return OK;
}
```

(3) 在双向循环链表中查找元素。

链表是一种"顺序存取"的结构,要在带头结点的双向循环链表中查找和给定值 x 相等的元素,必须从头结点开始沿着后继指针依次比较,直到找到值相等的结点为止,如果查找成功,则返回元素的序号,否则返回 0。

伪代码描述如下:

```
int LocateElem(DuLCirLinkList L,DElemType x)
{
    //从第一个元素开始
    p = L->next;
```

```
    j = 0;                               //计数器初始化
    while(p != L)
    {
        j++;
        if(p->data == x)
        {
            break;
        }
        p = p->next;
    }
    //找到则返回计数器 j 的值,否则返回 0
    if(p != L)
        return j;
    else
        return 0;
}
```

如果需要返回结点的地址,则将函数返回类型改成 DuLNode $*$ 。如果找到则返回 p,否则返回 NULL。

2.2 实 验 目 的

本章的实验案例是以链表作为存储结构,通过实验加深对链表的理解,培养以链表作为线性表的存储结构解决实际问题的应用能力,同时锻炼学生实际编程和算法设计的能力。

2.3 实 验 范 例

视频讲解

一个班有 50 个学生,每个学生的信息有学号和姓名,现在有大学英语和高等数学两门课程组织了考试,每个学生获得了相应的成绩,类似于表 2-1,要求用链表设计一个简单的管理系统对学生信息进行管理。

表 2-1 学生成绩表

学号	姓名	性别	大学英语	高等数学
2023001	Alan	F	93	88
2023002	Danie	M	75	69
2023003	Peter	M	56	77
2023004	Bill	F	87	90
2023005	Helen	M	79	86
2023006	Amy	F	68	75

范例 1 建立一个带头结点的单链表存放学生信息
要求将 n 个学生的信息按尾插入法建立相应单链表。

1. 问题分析

链表是一个动态的结构，它不需要预分配空间，因此建立链表的过程是结点"逐个插入"的过程。首先建立一个只含头结点的空单链表，然后依次生成新结点，再不断地将其插入单链表的头部或尾部，分别称之为"头插法"和"尾插法"。

尾插法过程如下。

（1）初始化空单链表。

如图 2-7，用 r 指向当前单链表的最后一个结点，对应的语句为：

```
r = L;
```

（2）如图 2-8 所示，生成一个新的结点 p，然后输入数据到 p 的数据域并将 p 的指针域赋值为空，再将 p 插入 r 后，最后将 r 指向当前最后一个结点 p。对应的语句为：

```
p = (LNode * )malloc(sizeof(LNode));
p->data = 输入的数据;
p->next = NULL;
r->next = p;
r = p;
```

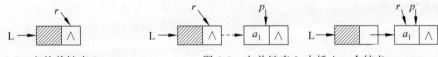

图 2-7　空的单链表 L　　　　　图 2-8　在单链表 L 中插入一个结点

（3）重复第（2）步，插入其他元素。图 2-9 演示了在单链表 L 中插入第 2 个结点的步骤。

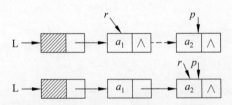

图 2-9　在单链表 L 中插入第 2 个结点

对于学生类型的数据，按以上步骤建立一个带头结点的单链表。为了检测数据是否被正确地存入单链表中，单链表建好后可以将链表中每个结点的信息输出。

2. 算法描述

首先定义数据类型。

```
typedef struct Student
{
    char No[8];              //学号
    char name[16];           //姓名
    char sex;                //性别
    int english;             //大学英语成绩
    int math;                //高等数学成绩
}Student;
```

然后定义结点类型。

```
typedef struct LNode                  //定义结点类型
{
    Student data;                     //数据部分
    struct LNode * next;              //指向下一个结点的指针
} LNode, * LinkList;                  //LinkList 为指向 LNode 的指针类型
```

结点类型定义完成之后，初始化单链表，即建立一个头结点。类似于第 1 章中顺序表的初始化，在此也用一个函数初始化单链表，参考代码如下：

```
int InitLinkList(LinkList &L)         //先初始化单链表
{
    L=(LinkList)malloc(sizeof(LNode));
    if(L== NULL)                      //空间分配失败
        exit(-1);
    L->next=NULL;
    return 1;
}
```

单链表 L 被初始化之后，根据上述尾插法步骤，创建一个能放 n 个学生信息的单链表，设计函数如下：

```
void CreateLinkList_R(LinkList L, int n)        //用尾插法建立长度为 n 的单链表 L
{
    int i;
    LNode * p, * r;
    Student stu;
    r=L;                                         //r 指向当前最后一个结点
    printf("输入%d 个数据: ", n);
    for(i=0; i<n; i++)
    {
        //生成结点 p
        p=(LinkList)malloc(sizeof(LNode));
        //输入数据到 p 的数据域
        InputOneStu(stu);                        //读入一个学生的数据,见第 1 章
        p->data = stu;
        p->next = NULL;
        //将结点 p 插入尾结点 r 的后面
        r->next = p;
        //r 指向新的尾结点
        r = p;
    }
}
```

接着定义函数 PrintListInfo(SqList L)输出链表中存储的学生信息。从第一个结点开始沿着链域逐个输出每个结点的数据域中的数据。PrintListInfo 函数定义如下：

```
void PrintListInfo(LinkList L)
```

```
{
    p = L->next;
    while(p != NULL)
    {
        printf("学号: %s\n",p->data.No);
        printf("姓名: %s\n",p->data.name);
        printf("性别: %c\n",p->data.sex);
        printf("大学英语成绩: %d\n",p->data.english);
        printf("高等数学成绩: %d\n",p->data.math);
        p = p->next;
    }
}
```

然后在 main( ) 函数中定义链表 L, 调用函数 InitLinkList( ) 初始化链表, 调用函数 CreateLinkList_R(L,5) 建立长度为 5 的单链表, 接着调用函数 PrintListInfo( ) 将链表中的信息输出。主函数定义如下:

```
#include <stdio.h>
#include <stdlib.h>
//在 main()之前加入类型定义和函数定义
int main()
{
    LinkList L;
    InitLinkList(L);
    CreateLinkList_R(L,5);
    PrintListInfo(L);
    return 0;
}
```

3. 算法分析

采用尾插法创建链表时, r 一直指向链表的尾部, 所以插入一个结点的时间复杂度为 $O(1)$。CreateLinkList_R( ) 函数一共需要插入 n 个结点, 其时间复杂度为 $O(n)$。

范例 2 在上述单链表 L 中查找学号为 stuID 的学生信息

要求在单链表 L 中查找学号 stuID, 如果找到该学号, 则返回对应学生在链表中的序号; 如果找不到该学号, 则返回 0。

1. 问题分析

对于该问题, 需要遍历链表, 即从第 1 个有学生信息的结点开始, 将结点的数据域中的学号部分与 stuID 比较, 同时使用计数器存储结点的序号。如果发现结点的数据域中的学号与 stuID 相等则查找结束, 返回计数器的值。当链表中的结点全部找完, 并未找到与 stuID 相等的学号则返回 0。本例中学号为一个字符串, 判断两个字符串是否相等可使用 strcmp( ) 函数。

2. 算法描述

根据以上分析, 设计函数如下:

```
//在单链表 L 中查找学号为 stuID 的元素,找到返回元素的序号,否则返回 0
```

```
int  LocateElem(LinkList L, char * stuID)
{
    LNode * p;
    int j;
    p = L->next;              //从第一个结点开始查找
    j = 1;
    //依次将单链表中的元素和 stuID 进行比较
    while(p && strcmp (p->data.No, stuID) != 0)
    {
        p = p->next;
        j++;
    }
    if(p)                     //p 不为空,即找到 stuID
        return j;             //返回序号
    else
        return 0;
}
```

在范例 1 的基础上,在 main()函数中调用函数 LocateElem()查询学号为 2023003 的学生时,也可以直接输入学号。由于查找过程中需要调用 strcmp 比较两个字符串,需要加上头文件 string.h。主函数定义如下:

```
#include <stdio.h>
#include <stdlib.h>
#include <string.h>
//在 main()之前加入类型定义和函数定义
int main()
{
    LinkList L;
    InitListList(L);
    CreateLinkList_R(L,5);
    PrintListInfo(L);
    int pos = LocateElem(L,"2023003");
    if(pos == 0)
    {
        printf("该学生不存在! \n");
    }
    else
    {
        printf("该学生是第%d 位! \n",pos);
    }
    return 0;
}
```

3. 算法分析

在链表中查找某一元素时,因为要遍历整个链表,所以其时间复杂度为 $O(n)$,其中 n

为链表的长度。

范例 3　删除单链表 L 中姓名为 stuName 的所有学生的信息

要求在单链表 L 中查找姓名为 stuName 的学生,如果找到则将其删除,并返回被删除的学生人数。

1. 问题分析

因为需要返回被删除的学生人数,所以需用计数器(即一个整型变量)存储被删除结点的个数,计算器初始值为 0。从第一个结点开始依次查看链表中结点的数据信息,将结点的数据域中的姓名 name 与 stuName 比较,如果结点数据域中的 name 与 stuNamex 相等则删除该结点并将计数器加 1。重复这一步骤直到查看完链表 L 中所有的结点。最后返回计数器的值。

根据 2.1 节中删除结点的方法,在单链表中删除第 i 个结点,需要修改第 $i-1$ 个结点的指针域。所以在找到第 i 个结点的同时,还需存储第 $i-1$ 个结点的地址。

如图 2-10 所示,假设 q 是要删除的结点,q 前一个结点为 p,将 q 移出链表并且销毁的操作为:

```
p->next = q->next;
free(q);
```

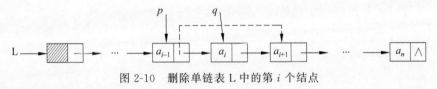

图 2-10　删除单链表 L 中的第 i 个结点

2. 算法描述

根据以上分析,可以设计一个函数删除单链表 L 中姓名为 stuName 的所有学生信息,并返回被删除的学生(结点)数。

```
int DeleteElem(LinkList &L, char * stuName )
{
    LNode * p, * q;
    int cnt;                                //计数器
    q = L->next;                            //初始化工作指针
    p = L;
    cnt = 0;                                //初始化计数器
    while(q != NULL)
    {
        if(strcmp(q->data.name, stuName) == 0)   //找到要删除的结点
        {
            p->next = q->next;                   //将结点从链表中摘除
            free(q);
            q = p->next;
            cnt ++;                              //计数器加 1
        }
        else
```

```
                    {
                        //不相等,指针后移,继续比较下一个结点
                        p = p->next;
                        q = q->next;
                    }
                }
            return cnt;
        }
```

在范例 1 的基础上,在 main() 函数中调用函数 DeleteElem() 删除姓名为 Peter 的学生,并输出删除的人数,为了检测删除操作是否成功,调用函数 PrintListInfo() 输出删除后的链表信息。主函数定义如下:

```
#include <stdio.h>
#include <stdlib.h>
#include <string.h>
//在 main()之前加入类型定义和函数定义
int main()
{
    LinkList L;
    InitListList(L);
    CreateLinkList_R(L,5);
    PrintListInfo(L);
    int num = DeleteElem(L,"Peter");
    printf("共删除%d个学生! \n",num);
    PrintListInfo(L);
    return 0;
}
```

3. 算法分析

DeleteElem() 函数首先需要在链表中找到将被删除的元素,因此这一过程的时间复杂度为 $O(n)$。删除元素的操作主要是修改指针,不需要移动元素,时间主要耗费在查找元素上。

2.4 实 验 任 务

完成下列任务,并分析各算法的时间复杂度。

任务 1:在单链表 L 中第 i 个学生后插入一个新学生 stu。

要求:将新学生 stu 的信息加入链表 L 中第 i 个学生后,如果 i 大于链表的长度,则将 stu 插入链表的末尾;如果 i 小于或等于 0,则将 stu 直接插入表头之后。

任务 2:统计单链表 L 中高等数学大于 x 并且大学英语大于 x 的学生人数。

要求:设计一个函数统计链表 L 中满足条件的学生人数,并返回统计的结果。

任务 3:在任务 2 的基础上,将单链表 L 中高等数学成绩和大学英语成绩在 min_score 到 max_score 之间的学生统计成一个新的单链表 L2。

要求：将链表 L 中符合条件即高等数学和大学英语两门课程成绩在 min_score 到 max_score 之间的学生组成一个新的链表 L2，并把这些学生从原链表 L 中删除。

任务 4：编程实现在带头结点的双向循环链表中插入和删除元素。（选做）

要求：建立一个存储学生信息的双向链表，设计一个函数将一个学生的信息插入链表的第 i 个位置，然后再通过调用这个函数建立一个双链表。双链表建立之后，设计一个函数将链表中第 i 个位置的学生信息删除，即删除第 i 个结点。

2.5 任 务 提 示

1. 任务 1 提示

首先生成新结点 s，将待插入值 stu 存入 s 的数据域。从头结点开始，在单链表 L 中找到第 i 个结点的地址 p，同时用 pre 指向该结点的前驱结点，用计数器 j 存储 p 指向的结点序号，p 的初始值等于 L，j 的初始值等于 0。如果第 i 个元素的地址为空，即 p 等于 NULL，将结点 s 插入 pre 结点之后。如果 p 不等于 NULL，则将结点 s 插入结点 p 之后。由于 p 最开始指向头结点，如果 i 小于或等于 0，则直接将结点 s 插入头结点之后，也就是 p 之后。两种情况下的操作是相同的。图 2-11 显示了将 s 插入结点 p 之后的操作步骤。

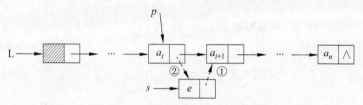

图 2-11　将结点 s 插入结点 p 之后

① s->next＝p->next;

② p->next＝s;

伪代码描述如下：

```
void InsertElem(LinkList &L, int i, Student stu)
{
    s=(LinkList)malloc(sizeof(LNode)); //生成结点 s
    s->data= stu;                      //将 x 存入结点的数据域
    p=L;
    j=0;
    //寻找插入位置,并使 p 指向插入位置的前驱结点,即 L 中的第 i 个位置
    while(p!=NULL&&j<i)
    {
        pre=p;
        p=p->next;
        j++;
    }
    if(p==NULL)                        //若 i 大于表的长度,则将 s 插入 pre 之后
    {
        s->next=NULL;
```

```
        pre=s;
    }
    else//将新结点 s 插入 p 结点之后
    {
        s->next=p->next;                        //新结点指针域指向 p 的后继结点
        p->next=s;                              //新结点成为 p 的后继结点
    }
}
```

2. 任务 2 提示

链表是一种"顺序存取"的结构,要统计链表中满足某种条件的元素个数,需用计数器统计符合条件的元素个数。具体方法是从单链表第 1 个结点开始沿着指针域依次找到各个结点,比较结点的数据域是否符合统计条件,如果符合统计条件则计数器加 1,直到查看完链表中的全部结点,最后返回计数器的值。该算法过程与计算链表长度类似。

伪代码描述如下:

```
int CountElem(LinkList L, int x)
{
    cnt = 0;                                    //计数器
    p = L->next;                                //p 指向第一个结点
    //将链表中的元素逐个和给定值 x 进行比较,相等则计数器加 1
    while(p != NULL)
    {
        if(p ->data.english > x && p ->data.math > x)   //找到一个符合条件的元素
            cnt++;
        p = p->next;                            //p 指向后一个结点
    }
    return cnt;
}
```

3. 任务 3 提示

任务 3 要求将链表 L 中符合条件的学生加入新链表 L2 中,并将这些学生的信息从原链表 L 中删除。实际上就是将符合条件的结点从 L 中分离出来并且链接到 L2。因此,首先需初始化 L2,然后再将 L 中满足条件的结点从 L 中删除并插入 L2 中(采用头插法,每次插入头结点之后),同时返回插入 L2 中的结点个数。可设计函数如下:

```
将 L 中两门课程分数在 min_score 到 max_score 之间的学生移动到新链表 L2 中
int MoveElem(LinkList &L, int min_score, int max_score, LinkList &L2)
{
    count = 0;
    p = L;
    while(p->next != NULL)
    {
        if((p->next->data.english>=min_score && p->next->data.english <= max_
        score)
        && (p->next->data.math >= min_score && p->next->data.math <= max_
        score))
```

```
    {
        q = p->next;              //以下要把 q 结点移动到 L2 中
        p->next = q->next;        //把 q 结点从 L 中移出
        q->next = L2->next;       //把 q 结点链接到 L2 表头的后面
        L2->next = q;
        count++;
    }
    else
        p = p->next;
    }
    return count;                 //返回移动的结点数
}
```

4. 任务 4 提示

如果某个函数能将一个学生的信息插入双向链表的第 i 个位置,则可反复调用这个函数创建一个双向链表 L。

在链表中第 i 个位置插入结点,只需要第 $i-1$ 个结点存在就可以插入。因此需要找到第 $i-1$ 个结点 p,将元素插入结点 p 之后。图 2-12 显示了将结点 s 插入双向循环链表中结点 p 之后的操作步骤。

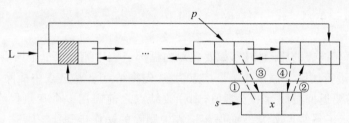

图 2-12　将结点 s 插入双向循环链表结点 p 之后

图中 4 个步骤对应的语句如下:

① s->prior＝p;

② s->next＝p->next;

③ p->next＝s;

④ s->next ->prior＝s。

伪代码描述如下:

```
int InsertElem(DuLCirLinkList &L, int i, DElemType x)
{
    //在 L 中找到第 i-1 个结点的位置 p
    p = GetElem(L,i-1);                        //如果第 i-1 个结点不存在则函数返回 NULL
    if(p == NULL)                              //p 为空第 i-1 个结点不存在
        return ERROR;
    s=( DuLNode * )malloc(sizeof(DuLNode));    //生成新结点 s
    s->data=x;                                 //将 x 存入结点的数据域
    s->next = p->next;
    s->prior = p;
    p->next->prior = s;
```

```
        p->next = s;
        return OK;
    }
```

因为是双向链表,所以在第 i 个位置加入元素,也可以先找到第 i 个元素,然后将待插入的元素插入第 i 个结点之前。图 2-13 显示了将结点 s 插入双向循环链表结点 p 之前的操作步骤。

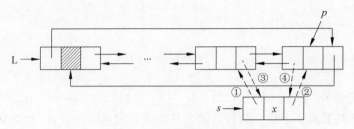

图 2-13　将结点 s 插入双向循环链表结点 p 之前

图中 4 个步骤对应的语句如下:

① s->prior＝p->prior;

② s->next＝p;

③ p->prior->next＝s;

④ p->prior＝s。

对于双向循环链表的删除操作,如要在双向循环链表中删除第 i 个结点,则需先找到第 i 个结点然后再进行删除。假设第 i 个结点为 p,先将结点 p 从链表中摘除,然后释放 p 结点。如果函数需要返回被删除的元素值,则释放结点之前需用一个变量保存该结点的数据域。图 2-14 显示了将结点 p 从双向循环链表中删除的操作步骤。

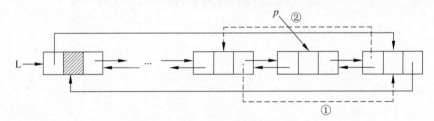

图 2-14　删除双向循环链表中的结点

图 2-14 中 2 个步骤对应代码参考如下:

① p->prior->next＝p->next ;

② p->next->prior＝p->prior。

将 p 从链表 L 中摘除之后,使用 free(p) 释放结点占用的内存空间。

第 3 章 栈

栈(stack)是一种先进后出或后进先出的线性表,即先进入栈的数据被压入栈底,最后进入的数据在栈顶,读栈中的数据时只能从栈顶开始弹出,最后进入栈的数据会最先弹出。栈是一种常见的数据结构,它可以用来存放函数调用时的相关现场数据,函数递归调用也会用到栈。本章实验内容是用栈来解决问题。

3.1 知 识 简 介

视频讲解

3.1.1 栈的定义

栈是限定仅在表尾进行插入或删除操作的线性表。将操作的一端,即表尾端称为栈顶,相应地,表头端称为栈底。栈的示意图如图 3-1 所示。

假设栈有 n 个元素($a_1, a_2, \cdots, a_n$),称 a_1 为栈底元素,a_n 为栈顶元素。栈中的元素按照 $a_1, a_2, \cdots, a_n$ 进栈,出栈的第一个元素应该是 a_n,即栈的操作是按照后进先出的原则进行的,所以栈也称为后进先出(last in first out,LIFO)的线性表。在程序设计中,如果需要按照与保存数据相反的顺序来使用数据时,则可以利用栈来辅助实现。

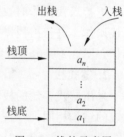

图 3-1 栈的示意图

3.1.2 栈的存储结构

栈有两种存储结构:顺序存储和链式存储。

1. 顺序栈

采用顺序存储结构的栈称为顺序栈,顺序栈的存储结构描述如下:

```
#define MAXSIZE 100;          //顺序栈的最大长度
typedef struct
{
    SElemType * base;         //存储栈中数据元素的连续空间的首地址
    SElemType * top;          //表示栈顶元素的地址
    int stacksize;            //栈可用的最大容量
}SqStack;
```

初始化顺序栈 S 的函数参考如下:

```
int InitStack( SqStack &S )
{
    S.base=(SElemType * )malloc (MAXSIZE * sizeof(SElemType));
```

```
    if( !S.base )    return -1;
    S.top = S.base;              //S.top 也指向栈底;
    S.stackSize = MAXSIZE;
    return 1;
}
```

相应地,销毁栈 S 的操作参考如下:

```
void DestroyStack( SqStack &S )
{
    if( S.base )
    {
        free(S.base) ;
        S.stacksize = 0;
        S.base = S.top = NULL;
    }
}
```

top 存储栈顶元素的地址,当栈非空时,top 实际上存储栈顶元素的上一个位置。top 也可以定义为 int 类型,表示栈顶元素相对于起始位置的偏移量。

进行入栈操作时,栈不能满,即当 S.top－S.base＝S.stacksize 时,栈是满的,不能进行入栈操作。进行出栈操作时,栈不能为空,即当 S.top＝S.base 时,栈是空的,不能进行出栈操作。图 3-2 展示了栈空和栈满的情况。

2. 链式栈

采用链式存储的栈称为链式栈。通常用单链表来表示链式栈。链式栈的结点结构和单链表的结构相同,图 3-3 展示了链式栈的结构,S 指向栈顶。

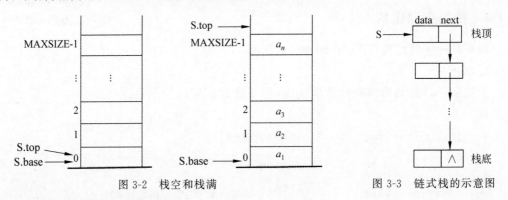

图 3-2 栈空和栈满　　　　　　　　　图 3-3 链式栈的示意图

链式栈的存储结构描述如下:

```
typedef struct StackNode
{
    SElemType data;              //数据域
    struct StackNode * next;     //指针域
} StackNode,   * LinkStack;      //链式栈
```

为了方便进行出栈和入栈操作,将链表的表头作为栈顶。由于只能在链表头部进行操作,没有必要附加头结点。其初始化参考如下:

```
void InitStack(LinkStack &S )
{
    S = NULL;
}
```

因为栈其实是一个操作受限的链表,因此销毁栈的方法可参考如下:

```
void DestroyStack(LinkStack &S )
{
    StackNode * p;
    while( S )
    {
        p = S;
        S = S->next;
        free(p);
    }
    S = NULL;
}
```

链式栈在进行入栈操作时,不存在空间限制。在进行出栈操作时,栈不能为空,当链式栈 S=NULL 时,链式栈为空,不能进行出栈操作。

3.2　实　验　目　的

通过本章的实验,加深对栈的性质、栈的顺序存储和链式存储以及基本操作的实现等知识的理解,培养以栈作为数据结构解决实际问题的能力,同时锻炼学生实际编程和算法设计的能力。

3.3　实　验　范　例

视频讲解

范例 1　建立一个顺序栈,完成对已建立的顺序栈进行出栈、入栈和取栈顶元素的基本操作

要求创建一个顺序栈用来记录一些整数,将栈空间大小定义为 1024,然后设计函数实现相关操作。

1. 问题分析

首先初始化一个空顺序栈 S,输入 n 个元素,将这些元素逐个入栈,入栈时需要判断栈是否已满,然后进行出栈和获得栈顶元素的操作。将顺序栈中的栈顶元素出栈,并输出出栈元素的值,出栈时需要判断栈是否为为空。在获得栈顶元素时需要判断栈是否空,获得栈顶元素和出栈不同,获得栈顶元素只是读取栈顶元素,并不改变栈中的元素。

2. 算法描述

先将顺序栈的最大容量 MAXSIZE 定义为 1024,将栈中元素的类型 SElemType 定义为 int 类型,接着定义顺序栈类型 SqStack。

```
#define MAXSIZE 1024
```

```
typedef int SElemType;

typedef struct SqStack
{
    SElemType * base;            //栈底元素的地址
    SElemType * top;             //表示栈顶元素的地址,实际上存储下一个存储单元的地址
    int stacksize;               //栈可用的最大容量
}SqStack;
```

顺序栈定义好了,接着初始化顺序栈,初始化顺序栈 S 的函数 InitStack 定义如下:

```
int InitStack(SqStack &S)
{
    S.base=(SElemType * )malloc (MAXSIZE * sizeof(SElemType));
    if( !S.base )
    exit(-1);                    //内存分配失败,退出程序
    S.top = S.base;              //S.top 也指向栈底;
    S.stacksize = MAXSIZE;
    return 1;
}
```

顺序栈初始化好之后,可以对栈进行入栈和出栈操作。将元素 e 入栈 S 的函数 Push()定义如下:

```
int Push(SqStack &S, SElemType e)
{
    if(S.top - S.base == S.stacksize)        //栈满
        return 0;
    * S.top = e;                 //将 e 值存入 top 所指空间
    S.top++;                     //top 后移
    return 1;
}
```

将顺序栈 S 的顶点元素出栈,并将 e 返回的函数 Pop()定义如下:

```
int Pop(SqStack &S, SElemType &e)
{
    if(S.top == S.base)          //栈为空
        return 0;
    S.top--;                     //top 减 1
    e = * S.top;                 //将 top 所指空间的值存入 e
    return 1;
}
```

Push()函数和 Pop()函数完成后,可以在 main()函数中进行测试,测试通过之后再写其他的函数。

为了检测出栈和入栈操作是否成功,在出栈和入栈操作后可将栈中的元素逐个遍历输出。遍历栈 S 中元素的函数 PrintStack()可定义如下:

```
void PrintStack(SqStack S)
```

```
{
    SElemType * p = S.base;
    while(p < S.top)
    {
        printf("%5d", * p);
        p++;
    }
    printf("\n");
}
```

获得栈顶元素,将栈顶元素用 *e* 返回的函数 GetTop()可定义如下:

```
int GetTop(SqStack S,SElemType &e)
{
    if(S.top == S.base)          //栈为空
        return 0;
    e = * (S.top-1);             //取栈顶元素的值,并赋给 e
    return 1;
}
```

main()函数如下:

```
#include<stdio.h>
#include<stdlib.h>
//加入顺序栈的定义及各函数定义
int main()
{
    SqStack s;
    int num,i;
    int value;
    //初始化栈
    InitStack(s)
    printf("输入要入栈的元素个数: ");
    scanf("%d",&num);
    i = 1;
    printf("输入要入栈的元素: ");
    while(i <= num)
    {
        scanf("%d",&value);
        if(Push(s,value) == 0)
        {
            printf("%d 入栈失败!",value);
            break;
        }
        i++;
    }
    printf("栈中的元素有: ");
    PrintStack(s);
```

```
//栈顶元素出栈
if(Pop(s,value) == 1)
{
    printf("栈顶元素成功出栈！\n");
    printf("出栈的元素为:%d\n",value);
    printf("栈顶元素出栈后,栈中的元素有：");
    PrintStack(s);
}
else
{
    printf("栈顶元素出栈失败！\n");
}
//获得栈顶元素
if(GetTop(s,value) == 1)
{
    printf("成功获取栈顶元素！\n");
    printf("栈顶的元素为:%d\n",value);
}
else
{
    printf("获取栈顶元素失败！\n");
}
printf("栈中的元素有：");
PrintStack(s);
return 0;
}
```

3. 算法分析

初始化函数 InitStack()、入栈函数 Push()、出栈函数 Pop() 和取栈顶元素 GetTop() 中每个语句最多执行 1 次。因此，这 4 个函数的时间复杂度为 $O(1)$。遍历栈并将栈中的元素输出的 PrintStack() 函数的时间复杂度为 $O(n)$，n 为栈中元素的个数。

范例 2　建立一个链式栈，完成对已建立的链式栈进行出栈、入栈和取栈顶元素的基本操作

要求：创建一个链式栈用来记录一些整数，然后设计入栈函数、出栈函数和取栈顶元素的函数。

1. 问题分析

栈的元素类型为 int 类型，首先要定义链式栈的结点类型，然后再初始化一个空链式栈 S。S 初始化之后就可以应用 Push() 函数将元素入栈，利用 Pop() 函数将元素出栈，利用 GetTop() 函数获得栈顶元素。

2. 算法描述

首先定义链式栈结点类型，然后初始化链式栈 S，可参考本章知识简介链式栈部分。

将数据元素 e 入链式栈 S 的过程为：生成一个链式栈结点 p，将待入栈的元素值保存在结点 p 的数据域中（p->data＝e），再将结点 p 插入栈顶（p->next＝S），最后修改栈顶指

针为 p (S=p)。链式栈不需要判断空间是否已满,空间是根据需要动态分配的。入栈操作
Push()函数可定义如下。

伪代码描述如下:

```
int Push(LinkStack &S , SElemType e)
{
    p = (StackNode *)malloc(sizeof(StackNode));     //生成新结点 p
                                                    //将 e 存入结点的数据域
                                                    //将结点 p 插入栈顶
                                                    //修改栈顶指针为 p
```

为空,若空则返回操作失败,否则将栈顶元素保存,临时保存
针,指向新的栈顶元素,释放原栈顶元素空间,返回操作成功。
下:

ElemType &e)

//判断栈是否为空

//保存栈顶元素至 e
//保存栈顶元素空间
//修改栈顶指针
//释放原栈顶元素空间

,并用 e 返回栈顶元素的值。GetTop()函数可定义如下:

ElemType &e)

//栈不为空

//将栈顶元素的值赋给 e 所指单元

}

可以参照范例 1 中 main()函数中的测试方法对链式栈进行测试。

3. 算法分析

入栈函数 Push()、出栈函数 Pop()和取栈顶元素 GetTop()中每个语句最多执行 1 次。
因此,这 3 个函数的时间复杂度为 $O(1)$。这些函数和范例 1 顺序栈中对应的函数具有相同
的时间复杂度,都为 $O(1)$。

3.4 实 验 任 务

任务 1：两栈共享空间。

在一个程序中如果需要同时使用具有相同数据类型的两个栈时，两个栈可以共用一个数组空间。如果分别为两个栈开辟一个数组空间，可能会出现一个栈的空间已满，而另一个栈的空间还有大量空余的情况，从而造成存储空间的浪费。两个栈共享一个数组空间可以避免这种情况的发生。

两栈共享空间就是使用一个数组存储两个栈，一个栈的栈底为数组的始端，另一个栈的栈底为数组的末端，每个栈从各自的端点向中间延伸。两栈共享如图 3-4 所示。栈 1 的栈顶指针为 top1，栈 2 的栈顶指针为 top2，数组空间大小为 stacksize，栈 1 的栈底为数组下标为 0 的一端，栈 2 的栈底为数组下标为 stacksize−1 的一端。

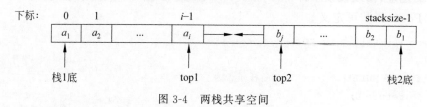

图 3-4 两栈共享空间

要求：首先设计两栈共享空间的数据结构，然后完成初始化、入栈、出栈等算法。

任务 2：五子棋游戏中悔棋操作。

五子棋游戏中玩家 1 和玩家 2 分别对应黑棋和白棋。以空棋盘开局，玩家 1 拿黑棋先走，玩家 2 拿白棋后走，玩家 1 和玩家 2 交替下子，每次只能下一子，棋子只能下在棋盘的空白点上。

要求：假设该游戏允许悔棋，设计一个悔棋的数据结构并设计相关算法。

任务 3：象棋游戏中的悔棋操作（选做题）。

象棋是一种双方对弈的棋类游戏，使用象、士、相、马、车、炮、兵七种棋子进行对战。象棋盘由九道直线和十道横线交叉组成，共有九十个交叉点。棋子摆在这些交叉点上，共有三十二个棋子，分为红、黑两组，每组十六个，各分七种，其名称和数目分别有，红棋子：帅一个，车、马、炮、相、士各两个，兵五个。黑棋子：将一个，车、马、炮、象、士各两个，卒五个。

要求：假设该游戏允许悔棋，设计一个悔棋的数据结构和相关算法。

任务 4：表达式求值（选做题）。

要求：实现简单算术表达式的求值操作，表达式中只含加、减、乘、除四种运算符，操作数为一位，且中间结果不超过 10。

3.5 任 务 提 示

1. 任务 1 提示

两栈共享的存储结构描述如下：

```
#define MAXSIZE 100          //最大长度
```

```
typedef struct
{
    SElemType data[MAXSIZE];        //存储元素的数组
    int top1, top2;                 //两个栈栈顶元素在数组中的下标
    int stacksize;                  //栈可用的最大容量
}SqDoubleStack;
```

top1 初始化为 -1,当 top1 = -1 时,栈 1 为空。top2 初始化为 stacksize,当 top2 = stacksize 时,栈 2 为空。当 top1=top2-1 或者 top2=top1+1 时,栈满。

进行入栈和出栈操作时,需指定对哪个栈进行操作。如果对栈 1 进行入栈操作,top1 应该加 1,如果对栈 2 进行入栈操作,则 top2 应该减 1。如果对栈 1 进行出栈操作,top1 应该减 1,如果对栈 2 进行出栈操作,则 top2 应该加 1。

(1) 初始化空栈。

```
//初始化操作,建立一个空栈 S
Status InitSqDoubleStack(SqDoubleStack &S)
{
    //给 top1 和 top2 赋初值
    S.top1 = -1;
    S.top2 = MAXSIZE;
    return OK;
}
```

(2) 两栈共享的入栈算法。

```
//将元素 e 入到第 stackNumber 个栈中
Status Push(SqDoubleStack &S,SElemType e,int stackNumber)
{
    if(S.top1 + 1 == S.top2)        //栈满,不能再插入新元素了
    {
        return ERROR;
    }
    if(stackNumber == 1)            //将元素入栈 1
    {
        S.top1++;                   //将 top1 加 1
        S.data[S.top1] = e;         //将元素 e 放入栈顶位置
    }
    if(stackNumber == 2)            //将元素入栈 2
    {
        S.top2--;                   //将 top2 减 1
        S.data[S.top2] = e;         //将元素 e 放入栈顶位置
    }
    else
    {
        return ERROR;
    }
    return OK;
}
```

(3) 两栈共享的出栈算法。

```
//将第 stackNumber 个栈的栈顶元素出栈,并用 e 返回其值
Status Pop(SqDoubleStack &S,SElemType &e,int stackNumber)
{
    if(stackNumber == 1)
    {
        if(S.top1 == -1)        //栈 1 为空,操作失败
        {
            return ERROR;
        }
        e = S.data[S.top1];     //将出栈的元素存入 e 中
        S.top1--;               //栈顶指针减 1
    }
    if(stackNumber == 2)
    {
        if(S.top2 == MAXSIZE)   //栈 2 为空,操作失败
        {
            return ERROR;
        }
        e = S.data[S.top2];     //将出栈的元素存入 e 中
        S.top2++;               //栈顶指针加 1
    }
    else
    {
        return ERROR;
    }
    return OK;
}
```

2. 任务 2 提示

假设五子棋棋局如图 3-5 所示,当前轮到玩家 1 走黑棋。如果要悔棋,则要先要把上次玩家 2 走的白棋移走,然后再把上次玩家 1 走的黑棋也移走。为了使程序简单,假设悔一步

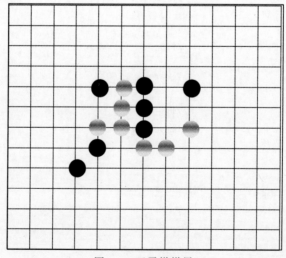

图 3-5　五子棋棋局

棋只移走一个棋子(不管移走的是黑棋或白棋)。可设计一个函数,可以悔 n 步棋,则需要把前面已走的 n 步棋都记下来,最后走的棋先被移走,最前面走的棋最后才能被移走。这是典型的先进后出或后进先出形式,可以用栈实现。

通过上面的分析,可以建立一个栈存放玩家 1 和玩家 2 走的棋。为了准确表达玩家 1 和玩家 2 在何处放置棋子,应该先建立一个表示位置的数据结构,如:

```
typedef struct Position
{
    int x;
    int y;
} Position;
```

然后建立一个表示走棋的数据结构如下:

```
typedef struct FivePiece
{
    int Id;                //玩家 ID 或玩家编号
    Position p             //棋子放置的位置
} FivePiece;
```

以上两个结构体看上去稍显复杂,如果把 ID 理解为黑白棋子,也可以只定义一个结构体如下:

```
typedef struct FivePiece
{
    int color;             //棋子的颜色
    int x, y;              //棋子放置的位置
} FivePiece;
```

再创建一个栈 S,用于存放 FivePiece 数据,设计入栈函数 Push()和出栈函数 Pop()。一个玩家走了一步棋之后只需把玩家编号和走棋的位置压入栈 S,如果要悔棋则调用出栈函数 Pop(),同时要在棋盘上将相应的棋子擦除。如果要悔 n 步棋,则调用 Pop()函数 n 次。

在实际游戏设计时,当悔 n 步棋后,接下来是谁应该走棋,可以通过查看栈顶元素得知。如果栈顶是玩家 1,则当前轮到玩家 2 走棋,如果栈顶是玩家 2,则当前轮到玩家 1 走棋。也可以通过 n 直接计算出来。

3. 任务 3 提示

象棋游戏的悔棋基本思想和五子棋类似,但是象棋的悔棋的数据结构比五子棋稍微复杂一些,因为五子棋在悔棋时只是单纯地把上次走的棋去掉,而象棋不同。象棋上次走的棋是来自另外一个位置,而且上次可能还会杀死对方的一个棋子。如果要悔棋则要把棋局恢复到上次走棋之前的状态。因此,走一步棋时,至少有如下数据需要记录:

(1)玩家 ID;

(2)棋子走之前的位置,棋子走之后的位置;

(3)有没有杀死对手的棋子,杀死了什么棋。

将以上数据信息组织成一个结构体类型,然后设计栈保存玩家的走棋信息,通过入栈表示走一步棋,出栈表示悔一步棋,即可以实现悔棋的操作。

思考：如果是围棋悔棋，应该考虑哪些因素。

4. 任务 4 提示

算术四则运算遵循的规则：

(1)先乘除，后加减；

(2)从左算到右；

(3)先括号内，后括号外。

任意两个相继出现的算符 θ_1 和 θ_2 之间的优先关系，至多有三种关系如表 3-1 所示。

(1) $\theta_1 < \theta_2$，θ_1 的优先权低于 θ_2；

(2) $\theta_1 = \theta_2$，θ_1 的优先权等于 θ_2；

(3) $\theta_1 > \theta_2$，θ_1 的优先权高于 θ_2。

表 3-1　算符间的优先关系

θ_1	θ_2						
	+	−	*	/	(	)	♯
+	>	>	<	<	<	>	>
−	>	>	<	<	<	>	>
*	>	>	>	>	<	>	>
/	>	>	>	>	<	>	>
(	<	<	<	<	<	=	
)	>	>	>	>		>	>
♯	<	<	<	<	<		=

其中♯为界限符，表示表达式的开始和结束。首先将运算符存储在一维数组中，将各运算符的优先关系存储在一个二维数组中，当需要判断两个运算符的优先级别时，直接在二维数组中找到对应的值。

操作过程中使用两个工作栈，用栈 OPND 来寄存操作数或运算结果，栈 OPTR 用来寄存运算符，两个栈的元素类型为 char 类型。

算法的步骤如下。

(1) 初始化 OPTR 栈和 OPND 栈，将表达式起始符"♯"压入 OPTR 栈。

(2) 扫描表达式，读入第一个字符 ch，如果表达式没有扫描完毕至"♯"或 OPTR 的栈顶元素不为"♯"时，则循环执行以下操作：

① 若 ch 不是运算符，则压入 OPND 栈，读入下一字符 ch；

② 若 ch 是运算符，则根据 OPTR 的栈顶元素和 ch 的优先级比较结果，做不同的处理：

- 若是小于，则 ch 压入 OPTR 栈，读入下一字符 ch；
- 若是大于，则弹出 OPTR 栈顶的运算符，从 OPND 栈弹出两个数，进行相应运算，结果压入 OPND 栈；
- 若是等于，则 OPTR 的栈顶元素是"("且 ch 是")"，这时弹出 OPTR 栈顶的"("，相当于括号匹配成功，然后读入下一字符 ch。

(3) OPND 栈顶元素即为表达式求值结果，返回此元素。

伪代码描述如下：

```
char EvaluateExpression()
{
    InitStack(OPTR);                    //初始化栈 OPTR
    Push (OPTR,'#');                    //将"#"入 OPTR 栈
    InitStack (OPND);                   //初始化栈 OPND
    ch = getchar();                     //读入一个字符
    while(ch != '#' || GetTop(OPTR) != '#')
    {
        //表达式未扫完或 OPTR 的栈顶不为"#"
        if(!In(ch))                     //ch 不是运算符则进栈
        {
            Push(OPND,ch);              //将 ch 入栈 OPND
            ch = getchar();             //继续读入下一个字符
        }
        else
        //比较 OPTR 栈顶元素和 ch 的优先级
        switch (Precede(GetTop(OPTR),ch))
        {
        case '<':
            Push(OPTR, ch);             //将字符 ch 压入 OPTR 栈
            ch = getchar();             //继续读入下一字符
            break;
        case '>':                       //弹出 OPTR 栈顶的运算符运算,并将运算结果入栈
            Pop(OPTR, theta);           //将 OPTR 栈顶元素出栈
            Pop(OPND, b);
            Pop(OPND, a);               //将 OPND 栈出栈两次
            Push(OPND,Operate(a,theta,b));      //运算结果并入 OPND 栈
            break;
        case '=':                       //读入的字符为")"且 OPTR 栈顶为"("
            Pop(OPTR,x);                //OPTR 栈顶元素出栈
            ch = getchar();             //读下一个字符
            break;
        }
    }
    return GetTop(OPND);                //OPND 栈顶元素即为表达式的结果
}
```

其中函数 In(ch) 用来判断 ch 是否是运算符，函数 Operate(a,theta,b) 用来计算表达式 a theta b 的值，由于 a 和 b 是字符，在计算之前需将其转换成对应的整数。函数 Precede() 用来判断两个运算符的优先关系。

第4章 队　列

队列(queue)是一种"先进先出"的线性表,最早被插入的元素将最先被删除。队列是一种非常重要的数据结构,广泛应用于各种计算机程序中。例如,操作系统中的任务调度、打印机打印队列、网络通信中的数据传输等都会用到队列。

4.1 知 识 简 介

视频讲解

4.1.1 队列的定义

队列是限定在一端进行插入,在另一端进行删除的线性表。将插入的一端称为队尾(rear),删除的一端称为队头(front)。

假设队列有 n 个元素(a_1, a_2, $\cdots$, a_n),称 a_1 为队头元素,a_n 为队尾元素。队列中的元素按照 a_1, a_2, $\cdots$, a_n 进入队列,退出队列也只能按照这个顺序依次退出。队列的操作是按照先进先出的原则进行的,所以队列也称为先进先出的线性表。队列的示意图如图 4-1 所示,操作系统中的作业排队是队列的一个典型应用例子。

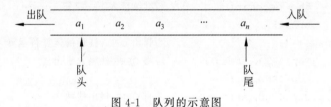

图 4-1　队列的示意图

4.1.2 队的存储结构

队列有两种存储结构:顺序存储和链式存储。

1. 顺序存储——循环队列

采用顺序存储结构的队列称为顺序队列,在顺序队列中附设两个整型变量 front 和 rear 分别指示队头元素和队尾元素的位置。为了使所有位置操作一致,rear 实际指向队尾元素的下一个位置。队列的顺序存储结构描述如下:

```
#define MAXSIZE 100          //顺序队列的最大长度
typedef struct
{
    QElemType * base;        //存储空间的首地址
    int front;               //队头位置
    int rear;                //队尾位置
}SqQueue;
```

在顺序队列中出队和入队操作都是向空间后面的方向移动,从而导致假溢出。为了解决假溢出,将存储队列的数组头尾相接,形成一个环,称为循环队列。循环队列通过求模运算来实现。如果不做任何处理，在循环队列中队空和队满的条件是相同的。为了区分队空和队满，采用少用一个元素空间的方法来解决，即当队列空间大小为 n 时，有 $n-1$ 个元素时就认为队已满。因此，在循环队列 Q 中队空和队满的条件为：

队空的条件：$Q.front = Q.rear$。

队满的条件：$(Q.rear+1) \% MAXSIZE = Q.front$。

进行入队操作时，队列不能为满，进行出队操作时，队列不能为空。注意队列为空时，$Q.front$ 和 $Q.rear$ 不一定等于 0。图 4-2 显示了循环队列队空和队满时的情况。

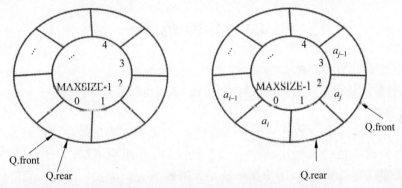

图 4-2　循环队列的队空和队满

2. 链式存储

采用链式存储结构的队列称为链队列。通常用单链表来表示链队列。一个链队列需要两个分别指向队头和队尾的指针才能唯一确定。队列的链式存储结构描述如下：

```
//结点类型
typedef struct QNode{
  QElemType   data;
  struct QNode  * next;
}QNode, * QueuePtr;
typedef struct {
  QueuePtr  front;        //队头指针
  QueuePtr  rear;         //队尾指针
}LinkQueue;
```

为了操作方便，给链队列添加一个头结点，队头指针始终指向头结点。图 4-3(a)显示了一个非空链队列，$Q.front$ 指向头结点。图 4-3(b)显示了一个空的链队列，$Q.front$ 指向头结点，$Q.rear$ 也指向头结点，$Q.front$ 和 $Q.rear$ 相等。

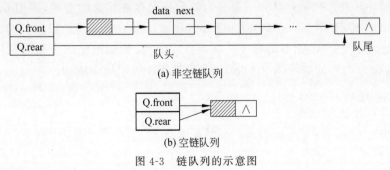

(a) 非空链队列

(b) 空链队列

图 4-3　链队列的示意图

链式队列在进行入队操作时,不存在空间限制。在进行出队操作时,队列不能为空,当 Q.front＝Q.rear 时,链队列为空,此时不能进行出队操作。

4.2 实 验 目 的

通过本章的实验,加深对队列的性质、队列的顺序存储和链式存储以及基本操作等知识的理解,培养学生用队列解决实际问题的能力,同时锻炼学生实际编程和算法设计的能力。

4.3 实 验 范 例

视频讲解

范例 1 循环队列的实现

要求建立可以处理整数的循环队列,并实现入队、出队等基本操作。

1. 问题分析

循环队列的入队和出队操作不需要移动元素,只需改变头尾的位置即可。在具体实现时,循环队列使用一段连续的空间来存储队列元素,有两个下标,一个是队首元素位置 front,另一个是队尾位置 rear,用于指示队尾元素的下一个位置。在插入元素(入队操作)时,只需将元素插入 rear 指示的位置,并将 rear 向后移动一位;在删除元素(出队操作)时,只需将 front 指示位置的元素删除,并将 front 向后移动一位。为了保证 front 和 rear 的正确性,当 front 和 rear 加 1 后需对队列的最大长度取余。

在编程实现时,首先应定义队列数据结构,然后将队列进行初始化,分配存放队列元素的空间,最后再设计入队和出队等操作函数。

2. 算法描述

首先将队列元素类型定义为整型,然后定义队列结构体类型。

```
#define MAXSIZE 100        //顺序队列的最大长度
typedef int QElemType;
typedef struct SqQueue
{
    QElemType * base;      //存储空间的首地址
    int front;             //队头位置
    int rear;              //队尾位置
} SqQueue;
```

初始化循环队列。初始化队列主要是为队列分配存放元素的空间,调用 malloc()函数实现,分配 MAXSIZE * sizeof(QElemType)字节大小的空间,并将空间首地址赋值给 base。如果空间分配失败,则退出程序。如果分配成功,则初始化队头和队尾位置,将 rear 和 front 初始化为 0(对应数组的 0 下标)。最后返回 1 表示操作成功。

```
int InitQueue(SqQueue &Q)
{
    Q.base = (QElemType *)malloc(MAXSIZE * sizeof(QElemType));
    if(!Q.base)
    {
```

```
        exit(-1);              //内存分配失败,退出程序
    }
    Q.front = Q.rear = 0;
    return 1;                  //初始化成功
}
```

入队操作需先判断队列是否已满,如果已满则返回 0,表示入队失败;否则,将元素添加到队尾的位置,即 Q.base[Q.rear],接着将 rear 后移一个位置,确保循环队列的循环使用,rear 加 1 后需对最大长度取余,即(Q.rear+1)%MAXSIZE 来更新队尾指针的位置。将元素 item 加入队列 Q 的函数 EnQueue 定义如下:

```
int EnQueue(SqQueue &Q, QElemType e)
{
    //检查队列是否已满
    if((Q.rear + 1) %MAXSIZE == Q.front)
    {
        return 0;              //队列已满,入队失败
    }
    Q.base[Q.rear] = e;
    Q.rear = (Q.rear + 1) %MAXSIZE;
    return 1;                  //入队成功
}
```

出队操作需先判断队列是否为空,如果为空则返回 0,表示出队失败;否则,先取出队首元素 Q.base[Q.front],并将其赋值给 e,接着将 front 后移一个位置,确保循环队列的循环使用,front 加 1 后需对最大长度取余,即(Q.front+1)%MAXSIZE 来更新队首指针的位置,将 e 中的值返回。出队函数 DeQueue 定义如下:

```
int DeQueue(SqQueue &Q, QElemType &e)
{
    //检查队列是否为空
    if(Q.rear == Q.front)
    {
        return 0;              //队列为空,出队失败
    }
    e = Q.base[Q.front];
    Q.front = (Q.front + 1) %MAXSIZE;
    return 1;                  //出队成功
}
```

接着定义函数输出循环队列中的元素,从队头位置开始,一直到队尾位置逐个输出。

```
void PrintQueue(SqQueue Q)
{
    int pos = Q.front;        //从队头开始
    while(pos != Q.rear )
    {
        printf("%d ", Q.base[pos]);
```

```
            pos = (pos + 1)%MAXSIZE;
        }
        printf("\n");
    }
```

在主函数中分别调用这些函数,检查操作是否正确。首先定义循环队列 myQueue,初始化队列 myQueue,然后将 1 到 10 共 10 个数逐个入队,接着将队列中的前 5 个数出队并逐个输出,最后输出出队后队列中的元素。main 函数定义如下:

```
int main()
{
    SqQueue myQueue;
    int i;
    InitQueue(myQueue);
    //入队操作示例,将 1 到 10 逐个入队
    for (i = 1; i <= 10; i++)
    {
        EnQueue(myQueue, i);
    }
    printf("入队后队列中的元素:\n");
    PrintQueue(myQueue);
    //出队操作示例,将前 5 个元素出队
    printf("将 5 个元素出队: \n");
    QElemType item;
    for(i = 1; i <= 5; i++){
        DeQueue(myQueue, item);
        printf("%d ", item);
    }
    printf("\n");
    printf("出队后队列中的元素:\n");
    PrintQueue(myQueue);
    return 0;
}
```

3. 算法分析

队列的出队、入队操作不需要移动元素,直接修改 front 和 rear 即可,因此这些函数的复杂度均为 $O(1)$。遍历队列中的元素需要逐个输出队列中的元素,所以输出的时间复杂度为 $O(n)$。

在本例中,使用了 #define MAXSIZE 1024 来存储顺序队列的最大长度,通过上述的代码实现,也可以将队列的最大长度作为参数放入队列结构体中。队列结构体 SqQueue 可定义如下:

```
typedef struct SqQueue
{
    QElemType * base;              //存储空间的首地址
    int front;                     //队头位置
```

```
    int rear;                    //队尾位置
    int size;                    //队列的最大长度
} SqQueue;
```

然后,将初始化队列的函数修改如下:

```
void InitQueue(SqQueue &Q, int n)
{
    Q.base = (QElemType *)malloc(n * sizeof(QElemType));
    if(!Q.base)
    {
        exit(1);                 //内存分配失败,退出程序
    }
    Q.front = Q.rear = 0;
    Q.size = n;
}
```

范例 2　链队列的实现

要求:建立一个链队列处理整型数据,并在链队列上实现入队、出队等基本操作。

1.问题分析

链队列是一种使用链表实现的队列,它具有队头指针和队尾指针。为了建立队列,首先需要定义一个链队列结点类型用于存储队列中的元素,接着定义链队列类型,链队列包括两个指针:front 指针指向队头结点,rear 指针指向队尾结点,最后初始化队列类型定义好后,可以对队列进行初始化、入队和出队操作。

入队操作即在链队列的尾部插入一个新结点。具体实现方法是,先创建一个新的结点,将需要入队的元素存储在新结点的数据域中,然后将新结点插入原来的队尾结点之后,最后更新队尾指针为新结点。

出队操作即删除链队列的头部结点,并返回其存储的元素。具体实现方法是,先将队头结点从链队列中摘除,然后将队头指针指向新的队头结点,最后返回被删除结点的数据域。如果删除的结点同时也是队尾结点,此时须将队尾指针 rear 指向头结点。

2.算法描述

首先定义结点类型和队列类型。

```
typedef struct QNode
{
    QElemType data;            //数据域
    struct QNode * next;       //指针域
} QNode, * QueuePtr;
```

QNode 实际上是链表的结点类型,用于存放队列中的数据元素和下一个结点的指针。

```
typedef struct LinkQueue
{
    QueuePtr front;            //队头指针
    QueuePtr rear;             //队尾指针
}LinkQueue;
```

LinkQueue 是队列类型，内部有两个指针，分别指向队头结点和队尾结点。因此，初始化空链队列即初始化 LinkQueue 中的 front 和 rear，将两个指针都指向头结点。初始化链队列 Q 的函数设计如下：

```
int InitQueue(LinkQueue &Q)
{
    Q.front = (QNode *)malloc(sizeof(QNode));      //生成头结点
    if(Q.front == NULL)                            //生成结点失败
        exit(-1);
    Q.rear = Q.front;                              //尾指针指向头结点
    Q.front->next = NULL;                          //将头结点 next 域赋空
    return 1;
}
```

初始化之后就可以将元素入队。首先创建一个新结点，然后将数据存入新结点的数据域，再将这个新结点加入队列的尾部并更新尾指针（刚加入的结点是新的尾结点）。在链队列 Q 中加入一个新的数据 e 的函数如下：

```
int EnQueue(LinkQueue &Q, QElemType e)
{
    QNode * s = (QNode *)malloc(sizeof(QNode));    //生成结点
    if(s == NULL)                                  //生成结点失败
        return 0;
    s->data = e;                                   //将 e 存入结点的数据域
    s->next = NULL;
    Q.rear->next = s;                              //将结点 s 插到队尾
    Q.rear = s;                                    //队尾指针后移
    return 1;
}
```

出队操作是将队头的元素出队。在进行该操作时，应先判断队列是否为空，如果队列为空，则操作失败。否则，将队头结点从队列中摘除，并将出队结点中的数据保存到变量 e，再释放该结点所占内存空间，最后返回出队元素。如果删除的结点刚好是队尾结点，删除后需将队尾指针 rear 指向头结点。出队函数 DeQueue() 的返回值表示元素是否成功出队，所以出队的元素通过参数返回，出队函数定义如下：

```
int DeQueue(LinkQueue &Q, QElemType &e)
{
    QNode * s;
    if(Q.front == Q.rear)          //队空
        return 0;
    s = Q.front->next;             //s 指向队头元素
    Q.front->next = s->next;       //将队头元素从队列中移出
    if(Q.rear == s)                //如果删除的结点就是尾结点
        Q.rear = Q.front;          //尾指针指向头结点
    e = s->data;                   //将删除的元素保存
    free(s);                       //释放被删除结点
    return 1;
}
```

如果在程序中不再使用已有的链队列时，应该将其销毁从而释放内存空间。销毁链队列时一般从头部开始逐个删除结点并释放结点的内存空间。在删除结点时，需要先保存该结点的下一个结点的地址，以免在删除结点后无法访问下一个结点，销毁链队列函数定义如下：

```
void DestroyQueue(LinkQueue &Q)
{
    QNode * s;
    while(Q.front != NULL)          //队列不空
    {
        s = Q.front->next;          //保存队头结点的下一个结点的地址
        free(Q.front);              //释放队头结点
        Q.front = s;
    }
    Q.rear = NULL;
}
```

对队列进行入队和出队操作后，需要检测操作是否成功，或者要查看队列中有哪些元素，可以设计一个输出队列中所有元素的函数，该函数相当于遍历整个链表。输出队列中元素的函数可定义如下：

```
void PrintQueue(LinkQueue Q)
{
    QNode   * p;
    printf("队列中的元素有: ");
    p = Q.front->next;              //从队头开始输出
    while(p != NULL)                //直到队尾的前一个位置
    {
        printf("%5d",p->data);
        p = p->next;
    }
    printf("\n");
}
```

函数设计完之后可以在 main()函数中进行验证，首先定义一个链队列，然后初始化该链队列，元素入队，输出队列中元素，出队，再输出队列中的元素，最后销毁。main()函数可以定义如下：

```
# include <stdlib.h>
# include <stdio.h>

typedef int QElemType;
int main()                          //主函数
{
    LinkQueue que;                  //定义一个链队列
    QElemType value;
    int num,i;
    if(InitQueue(que))
```

```
{
    printf("队列初始化成功！\n");
    //入队
    printf("输入需要入队的元素个数：");
    scanf("%d",&num);
    i = 1;
    printf("输入需要入队的元素：");
    while(i <= num)
    {
        scanf("%d",&value);
        if(EnQueue(que,value) == 1)
            printf("%d入队成功！\n",value);
        else
        {
            printf("%d入队失败！\n",value);
            break;
        }
        i++;
    }
    PrintQueue(que);
    //出队
    if(DeQueue(que,value) == 1)
    {
        printf("队头元素出队成功！\n");
        printf("出队的元素为：%5d\n",value);
        PrintQueue(que);
    }
    else
    {
        printf("队头元素出队失败！\n");
    }
    DestroyQueue(que);
}
    return 0;
}
```

3. 算法分析

在进行入队和出队操作时，只需要在队尾插入新结点或者删除队头结点，因此只需修改队尾指针或者队头指针的指向即可，它们的时间复杂度都为 $O(1)$。在打印输出队列中所有元素时，需要从队头开始依次访问每个结点，因此时间复杂度为 $O(n)$，其中 n 为队列的长度。

4.4 实 验 任 务

任务 1：使用队列打印杨辉三角。

杨辉三角是公元 1261 年，我国宋代数学家杨辉在其著作《详解九章算法》中给出的一个用数字排列起来的三角形阵。杨辉在书中引用了贾宪著的《开方作法本源》和"增乘开方法",因此这个三角形也称"贾宪三角"。在欧洲,这个三角形称为帕斯卡三角形,是帕斯卡在1654年研究出来的,比杨辉晚了近400年。杨辉三角是中国古代数学的杰出研究成果之一,它将二项式系数图形化,使组合数内在的一些代数性质直观地从图形中体现出来,是一种离散型地数与形的结合。杨辉三角前7行的值如图4-4所示。

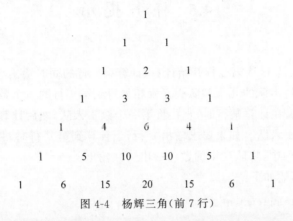

图 4-4　杨辉三角(前 7 行)

从图4-4可以看出,杨辉三角中第i行有i个数,每行数字是对称的,每行的第一个和最后一个数是1,其他位置的数等于它上方两数之和。

要求:写一个函数,可以打印杨辉三角前n行。

任务2:实现一个简单的银行排队叫号系统。

在银行中,为了公平、有序地管理顾客的等待顺序,并提高业务处理效率,银行引入了排队叫号系统。当顾客进入银行时,他们会在排队机上取一个号,这个号码代表顾客在队列中的位置。当银行窗口的工作人员准备好接待下一位顾客时,他们会按下叫号器上的按钮,此时排队系统会呼叫下一个号码,叫到号码的顾客前往对应的窗口办理业务。系统可以实时监测队列长度、顾客预计等待时间等信息,并把这些数据反馈给银行管理人员。管理人员根据这些数据可以灵活调整窗口开放数量、员工轮班时间等,以确保银行运营的高效和顾客满意度的提高。

要求:设计一个银行排队叫号系统,能模拟顾客到达取号、银行工作人员准备接待下一位顾客、系统检测队列长度以及顾客预计等待时间等。

任务3:实现键盘输入循环缓冲区。

在操作系统中,当程序正在执行其他任务时,用户可以从键盘上不断键入所要输入的内容,很多文字处理软件就是这样工作的。系统在利用这种分时处理方法时,用户键入的内容不在屏幕上立刻显示出来,直到当前正在进行的任务结束为止。但在进程执行时,系统不断地检查键盘状态,如果检测到用户键入了一个新的字符,就立刻把它存到系统缓冲区中,然后继续运行原来的任务。当前工作的进程结束后,系统就会从缓冲区中取出键入的字符,并按要求进行处理。

要求:写一个模拟程序,假设有两个进程同时存在于一个应用程序中,其中一个进程在屏幕上连续显示字符"A",与此同时,程序不断检测键盘是否有输入,如果有输入就读入用户输入的字符并保存到缓冲区中。在用户输入时,键入的字符并不立即回显在屏幕上。当用户键入一个逗号","时,表示第一个进程结束,第二个进程从缓冲区中读取那些已键入的字符并显示在屏幕上。第二个进程结束后,程序又进入第一个进程,重新显示字符"A",同时用户又可以继续键入字符,直到用户输入一个分号";"键,才结束第一个进程,同时也结束整个进程。

4.5 任 务 提 示

1. 任务 1 提示

杨辉三角第 1 行是 1,从第 2 行开始计算,计算第 i 行的同时输出第 $i-1$ 行的元素。每次将队头元素出队,将出队的元素和队头元素相加得到第 i 行的一个数,将该数入队。每行需要计算 $i-2$ 个数。在计算某行时,直接将第一个数 1 入队,然后计算 $i-2$ 个数并一一入队,再将最后一个数 1 入队。如果要求输出 n 行,当计算到第 n 行时,只输出了前面的 $n-1$ 行,第 n 行的数在队列中,将队列中的数一一出队并输出。

算法的伪代码描述如下:

```
void YangHuiTriange(int n)
{
    InitQueue(Q);                //初始化队列 Q
    EnQueue(Q,1);                //将第一行的 1 入队
    for(i = 2; i <= n; i++)      //从第二行开始计算
    {
        EnQueue(Q,1);            //将第一个元素 1 入队
                                 //计算第 i 行后面的 i-2 个元素,并输出第 i-1 行的元素
        for(j = 1; j <= i-2; j++)
        {
            DeQueue(Q,temp);     //将队头元素出队
            printf("%3d",temp);  //输出出队元素
            GetFront(Q,x);       //获得队头元素
            //计算当前行的第 j+1 个元素
            temp = temp + x;
            EnQueue(Q, temp);    //入队
        }
        //将第 i-1 行的最后一个数出队并输出
        DeQueue(Q, x);
        printf("%3d", x);
        printf("\n");            //换行
        EnQueue(Q,1);            //将第 i 行的最后一个数 1 入队
    }
    //将最后一行的数输出
    while(!IsEmpty(Q))
    {
        DeQueue(Q, x);
        printf("%3d",x);
    }
}
```

2. 任务 2 提示

（1）顾客到达后在排队机上取号，相当于入队操作。

（2）当银行窗口的工作人员按下叫号器准备接待下一位顾客时，相当于一个顾客出队。

（3）系统实时监测队列长度、预计等待时间等信息，相当于遍历队列。

为了实现以上三个基本需求，首先需要定义一个队列，队列里面存放顾客信息。第（3）点有预计等待时间，因此应该根据顾客需要办理的业务类型如存款、取款、贷款、咨询等对顾客需要的服务时间进行估计。所以顾客的信息包括在排队机上取出的号码、业务类型、预计服务时间等，而顾客本身的身份等信息不需要记录在这个队列。根据以上分析，先定义顾客类型结构体如下：

```
typedef struct CustomerType
{
    int no;                      //客户编号
    int businessType;            //业务类型
    int requiredTime;            //办理业务需要的时间
} CustomerType;
```

然后定义一个队列。因为银行不可能无限制接收顾客排队（如银行下班之前不会让顾客取号后却得不到服务，预计得不到服务的顾客将不能获得排队的号码），所以我们可以采用限制长度的循环队列进行实现。队列定义如下：

```
typedef struct SqQueue
{
    CustomerType * base;         //存储空间的首地址
    int front;                   //队头位置
    int rear;                    //队尾位置
    int size;                    //队列的最大长度
} SqQueue;
```

然后设计一个初始化函数初始化队列，参考如下：

```
void InitQueue(SqQueue &q, int size)
{
    q.base = (CustomerType * )malloc(size * sizeof(CustomerType));
    q.front = q.rear = 0;
    q.size = size;
}
```

因为入队和出队操作会对队列满或空的状态进行判断，所以首先需实现判断队列是否为空的函数，参考如下：

```
int IsQueueEmpty(SqQueue q)
{
    return q.front == q.rear;
}
```

判断队列是否已满的函数参考如下：

```
int IsQueueFull(SqQueue q)
```

```
{
    return (q.rear + 1) %q.size == q.front;
}
```

顾客数据 value 入队操作如下：

```
int EnQueue(SqQueue &q, CustomerType customer)
{
    if(IsQueueFull(q))
    {
        printf("Queue is full!\n");
        return -1;
    }
    q.base[q.rear] = customer;
    q.rear = (q.rear + 1) %q.size;         //循环队列
    return 0;
}
```

将一个顾客出队的操作如下：

```
int DeQueue(SqQueue &q, CustomerType &value)
{
    if(IsQueueEmpty(q))
    {
        printf("Queue is empty!\n");
        return -1;
    }
    value = q.base[q.front];
    q.front = (q.front + 1) %q.size;        //循环队列
    return 0;
}
```

检测队列长度即查询队列中的顾客数（队列中元素的个数）。因为是循环队列，当 $q.rear$ 大于或等于 $q.front$ 时，元素个数为 $q.rear - q.front$；当 $q.rear$ 小于 $q.front$ 时，元素个数为 $q.size - (q.front - q.rear)$。所以，可以设计一个统计顾客数的函数如下：

```
int CountCustomer (SqQueue q)
{
    int count = 0;
    if(q.rear >= q.front)              //计算队列中元素数量（顾客数）
        count = q.rear - q.front;
    else
        count = q.size - (q.front - q.rear);
    return count;
}
```

预计等待时间是顾客拿到排号时估计还要等待多长时间可获得服务，银行通过这个参数也会掌握将所有顾客的业务办理完大概还要多长时间。为了算出这个时间，需要遍历所有已经拿到排号并且在队列中等待的顾客，即对所有顾客办理业务所需要的时间求和。设

计一个函数求队列中所有顾客办理完业务需要的总时间,函数可定义如下:

```
int CalculateTotalTime(SqQueue q)
{
    int totalTime = 0;
    if(IsQueueEmpty(q))
        return 0;
    //把所有顾客办理业务需要的时间累加到 totalTime
    for (int i = q.front; i != q.rear; i = (i + 1) %q.size)
    {
        totalTime = totalTime + q.base[i].requiredTime;
    }
    return totalTime;
}
```

3. 任务 3 提示

根据题意,一个进程在屏幕上连续显示字符"A",与此同时,程序不断检测键盘是否有输入,如果有输入就读入用户输入的字符并保存到缓冲区中。因此,应建立一个缓冲区存放用户输入的数据,将来这些数据可被第二个进程获取。此外,用户先输入的字符应该被第二个进程先获取,因此,缓冲区应该按队列结构进行组织。为了避免频繁申请和释放内存,可以定义一个顺序循环队列实现缓冲区。任务 3 中描述的操作可整理如下。

(1) 第一个进程输出"Λ"。

(2) 检测键盘是否有输入。

(3) 如果有输入就接收输入的字符。

① 如果输入的是逗号,第一个进程结束,执行第二个进程。

② 如果输入的是分号,整个程序结束。

③ 是其他字符则入队。

(4) 第二个进程从队列中读出数据(出队)并且显示出来,然后回到第一个进程。

根据以上分析,给出伪代码如下:

```
void SchedulingProcesses()
{
    //模拟键盘输入循环缓冲区
    InitQueue(Q);                    //初始化队列 Q
    for(;;)
    {
        //第 1 个进程
        for(;;)
        {
            printf("A");             //输出"A"
            if(kbhit())              //检测键盘是否有键按下
            {
                ch1=getchar();       //读入字符
                if(ch1==','||ch1 == ';')
                {
```

```
            printf("进程 1 中断\n");
            break;                 //第 1 个进程正常中断
        }
        f=EnQueue(Q,ch1);          //将字符入队 Q
        if(f==ERROR)               //循环队列 Q 满时强制中断第 1 个进程
        {
            printf("循环队列已满!,进程 1 中断.\n");
            break;
        }
    }
}
//第 2 个进程
printf("缓冲区内容为: \n");
while(!IsEmpty(Q))
{
    DeQueue(Q,ch2);
    putchar(ch2);                  //显示输入缓冲区的内容
}
if(ch1==';')                       //如输入';',程序结束
    return ;
}
}
```

第5章 二 叉 树

树(tree)是一种非线性的数据结构,在计算机科学、电子工程、生物信息学等领域都有广泛的应用,例如计算机文件系统通常使用树结构来组织文件和目录的层次关系,网络中通常使用树结构来组织路由表,编程语言中的解析器通常使用树结构来解析程序的语法结构,数据库系统中的B树和B+树等被广泛用于实现高效的数据索引和查询,机器学习中决策树常用于分类等。本章的实验内容主要是二叉树的实现及其实际应用。

5.1 知 识 简 介

视频讲解

5.1.1 二叉树的定义和基本性质

二叉树(binary tree)是 $n(n \geqslant 0)$ 个结点所构成的集合,它或为空树($n=0$);或为非空树,对于非空树 T:

(1) 有且仅有一个称之为根的结点;

(2) 除根结点以外的其余结点分为两个互不相交的子集 T_1 和 T_2,分别称为 T 的左子树和右子树,且 T_1 和 T_2 本身均为二叉树。

简单讲,二叉树就是度不超过2的有序树。由于二叉树的结构简单,规律性强,且所有树都能转换为唯一对应的二叉树,为不失一般性,通常将普通树(多叉树)转换为二叉树来实现。

二叉树具有以下基本性质:

性质 1:在二叉树的第 i 层上至多有 2^{i-1} 个结点($i \geqslant 1$)。

性质 2:深度为 k 的二叉树至多有 $2^k - 1$ 个结点($k \geqslant 1$)。

性质 3:对任意一颗二叉树 T,如果其终端结点(叶子结点)数为 n_0,度为2的结点数为 n_2,则 $n_0 = n_2 + 1$。

性质 4:具有 n 个结点的完全二叉树的深度为 $\lfloor \log_2 n \rfloor + 1$($\lfloor x \rfloor$ 表示不大于 x 的最大整数)。

性质 5:如果将一棵有 n 个结点的完全二叉树(其深度为 $\lfloor \log_2 n \rfloor + 1$)的结点按层序编号(从第1层到第 $\lfloor \log_2 n \rfloor + 1$,每层从左往右),则对任一结点 $i(1 \leqslant i \leqslant n)$,以下结论成立。

(1) 如果 $i=1$,则结点 i 是二叉树的根,无双亲;如果 $i>1$,则其双亲 Parent(i)是结点 $\lfloor i/2 \rfloor$。

(2) 如果 $2i>n$,则结点 i 无左孩子(结点 i 为叶子结点);否则其左孩子 LChild(i)是结点 $2i$。

(3) 如果 $2i+1>n$,则结点 i 无右孩子;否则其右孩子 RChild(i)是 $2i+1$。

二叉树可以采用顺序存储和链式存储两种方式。

5.1.2 顺序存储

二叉树的顺序存储使用一组地址连续的存储单元来存储二叉树中的数据元素。将二树的各个结点按完全二叉树的结点层次编号,依次存放二叉树中的数据元素。利用编号之间的关系来描述双亲与左孩子、右孩子之间的关系(即二叉树的性质 5)。如编号为 i 的结点,如果 i 不等于 1,则该结点不是根结点,有双亲,双亲的编号为 $i/2$。如果编号为 $2i$ 的结点存在,则编号为 $2i$ 的结点为编号为 i 的结点的左孩子。如果编号为 $2i+1$ 的结点存在,则编号为 $2i+1$ 的结点为编号为 i 的结点的右孩子。

二叉树的顺序存储定义如下:

```
#define MAXTSZIE 100          //最大结点数
typedef TElemType SqBiTree[MAXTSIZE];
SqBiTree bt;
```

在顺序存储中,结点间关系蕴含在其存储位置中,寻找结点的双亲和孩子结点都非常方便。但对于普通的二叉树而言,顺序存储浪费空间,且不利于结点的插入和删除。顺序存储适用于存储完全二叉树。

5.1.3 链式存储

二叉树的链式存储又分为二叉链表和三叉链表两种方式。

二叉链表存储方式是每个结点不仅要存储数据元素的值,还需存储该结点左右孩子的地址。因此,每个结点包括三个部分:数据域(data)、指向左孩子指针(lchild)、指向右孩子指针(rchild)。链表的头指针指向二叉树的根结点。图 5-1(a)为一棵二叉树,图 5-1(b)为二叉树的二叉链表存储方式。

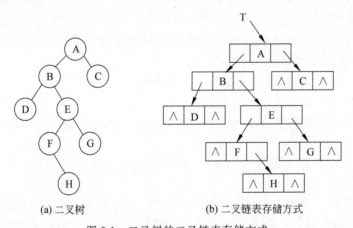

(a) 二叉树   (b) 二叉链表存储方式

图 5-1 二叉树的二叉链表存储方式

二叉树的二叉链表存储结构描述如下:

```
typedef struct BiTNode
{
    TElemType data;                        //数据域
    struct BiTNode  * lchild,  * rchild;   //分别指向左右孩子的指针
}BiTNode, * BiTree;
```

三叉链表是在二叉链表的基础上加一个指向双亲的指针(parent)。

链式存储相较于顺序存储节省存储空间,插入删除结点时只需修改指针。但寻找指定结点时很不方便。普通的二叉树一般用链式存储结构存储。

5.1.4 二叉树的遍历方式

二叉树的遍历方式主要有四种,包括先序遍历、中序遍历、后序遍历和层序遍历。

先序遍历(pre-order traversal):先访问根结点,然后遍历左子树,最后遍历右子树。在遍历左、右子树时,仍然先访问根结点,然后遍历左子树,最后遍历右子树。图 5-1(a)表示的二叉树先序遍历的结果为:A B D E F H G C。

中序遍历(in-order traversal):先遍历左子树,然后访问根结点,最后遍历右子树。在遍历左、右子树时,仍然先遍历左子树,然后访问根结点,最后遍历右子树。图 5-1(a)表示的二叉树中序遍历的结果为:D B F H E G A C。

后序遍历(post-order traversal):先遍历左子树,然后遍历右子树,最后访问根结点。在遍历左、右子树时,仍然先遍历左子树,然后遍历右子树,最后访问根结点。图 5-1(a)表示的二叉树序后遍历的结果为:D H F G E B C A。

层序遍历(level-order traversal):从上到下逐层遍历,在同一层中按照从左到右的顺序遍历。图 5-1(a)表示的二叉树序层次遍历的结果为:A B C D E F G H。

5.2 实 验 目 的

通过本章的实验,加深对二叉树的定义、性质、二叉链表存储方式以及遍历操作等知识的理解,培养学生用树结构解决实际问题的能力,同时锻炼学生实际编程和算法设计的能力。

5.3 实 验 范 例

视频讲解

范例 1 采用二叉链表存储结构建立一棵二叉树

要求:假设二叉树的数据元素是字符,根据输入的一棵二叉树的扩展先序遍历序列建立一棵以二叉链表表示的二叉树。

所谓二叉树的扩展是指用一个特殊的符号(如"♯")表示空树。图 5-2(a)所示的二叉树对应的扩展二叉树如图 5-2(b)所示。扩展二叉树的先序遍历序列为:A B ♯ D ♯ ♯ C ♯ ♯。

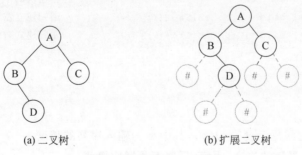

(a) 二叉树   (b) 扩展二叉树

图 5-2 二叉树扩展二叉树

1. 问题分析

要求利用扩展二叉树的先序遍历序列建立二叉树。首先分析序列 A B ♯ D ♯ ♯ C ♯ ♯,因为它是先序遍历的结果,所以该序列是按根、左子树、右子树的顺序得到的。因此,按该序列创建二叉树时也可以先创建根、然后创建左子树,再创建右子树。由图 5-2(b)可以看出,标♯号的结点类似于指向 NULL 的指针,因此♯表示的是一棵空树。

根据以上分析,创建二叉树的算法步骤如下:

(1) 输入的字符 ch。

(2) 如果 ch 为"♯",则返回空。

(3) 如果 ch 不为"♯",则生成结点,将字符存入结点的数据域,然后递归建立左子树,再递归建立右子树。

2. 算法描述

二叉表结构定义如下:

```
typedef char TElemType;
typedef struct BiTNode
{
    TElemType data;                         //结点数据
    struct BiTNode * lchild;                //左孩子
    struct BiTNode * rchild;                //右孩子
} BiTNode, * BiTree;
```

创建二叉树后,应将根结点的地址返回给主调函数。因此,设计一个返回根结点指针的函数 CreateBiTree(),函数可定义如下:

```
BiTree CreateBiTree()
{
    char ch;                                //存储结点的值
    BiTree root;
    scanf("%c",&ch);
    if(ch == "#")                           //输入的是"#"
        root = NULL;
    else
    {
        root = (BiTNode *)malloc(sizeof(BiTNode));//生成新的结点
        root ->data = ch;                   //将输入的字符存入结点
        root ->lchild = CreateBiTree();     //递归建立左子树
        root ->rchild = CreateBiTree();     //递归建立右子树
    }
    return root;
}
```

3. 算法分析

创建二叉树的时间复杂度为 $O(n)$,其中 n 为输入序列的长度。

范例 2　实现二叉树的先序、中序、后序遍历递归算法

对二叉树进行先序、中序和后序遍历操作,并输出遍历序列,观察输出的序列是否与逻辑上的序列一致。

1. 问题分析

可以用递归的方法对二叉树进行遍历,先序、中序、后序三种遍历方式如下。

(1) 先序遍历:若二叉树为空树,则空操作;否则先访问根结点,再先序遍历左子树,最后先序遍历右子树。

(2) 中序遍历:若二叉树为空树,则空操作;否则先中序遍历左子树,再访问根结点,最后中序遍历右子树。

(3) 后序遍历:若二叉树为空树,则空操作;否则先后序遍历左子树,再后序遍历右子树,最后访问根结点。

2. 算法描述

采用递归的方式先序遍历二叉树 T,设计函数如下:

```
void PreOrderTraverse(BiTree T)
{
    if(T == NULL)
        return;
    else
    {
        printf("%c ",T->data);              //访问根结点
        PreOrderTraverse(T->lchild);        //递归先序遍历左子树
        PreOrderTraverse(T->rchild);        //递归先序遍历右子树
    }
}
```

观察以上函数的内部结构可知,如果 T 等于 NULL 就返回,否则就执行 else 后的 3 条语句。这个逻辑可以换一种说法:如果 T 不等于 NULL 就执行原 else 后的 3 条语句,否则就返回。因此,先序遍历函数可以修改如下:

```
void PreOrderTraverse(BiTree T)
{
    if(T != NULL)
    {
        printf("%c ",T->data);              //访问根结点
        PreOrderTraverse(T->lchild);        //递归先序遍历左子树
        PreOrderTraverse(T->rchild);        //递归先序遍历右子树
    }
}
```

中序遍历二叉树 T,递归函数如下:

```
void InOrderTraverse(BiTree T)
{
    if(T!=NULL)
    {
        InOrderTraverse(T->lchild);         //递归中序遍历左子树
        printf("%c ",T->data);              //访问根结点
```

```
        InOrderTraverse(T->rchild);              //递归中序遍历右子树
    }
}
```

后序遍历二叉树 T,递归函数如下:

```
void PostOrderTraverse(BiTree T)
{
    if(T!=NULL)
    {
        PostOrderTraverse(T->lchild);         //递归后序遍历左子树
        PostOrderTraverse(T->rchild);         //递归后序遍历右子树
        printf("%c ",T->data);                //访问根结点
    }
}
```

在主函数 main()中,先创建一棵二叉树,然后进行先序、中序、后序三种方式的遍历。

```
int main()                       //主函数
{
    BiTree T;
    printf("输入扩展后的二叉树的先序遍历序列: ");
    T=CreateBiTree();
    printf("先序遍历序列为:");
    PreOrderTraverse(T);
    printf("\n");
    printf("中序遍历序列为:");
    InOrderTraverse(T);
    printf("\n");
    printf("后序遍历序列为:");
    PostOrderTraverse(T);
    printf("\n");
    return 0;
}
```

3. 算法分析

二叉树的三种遍历算法的时间复杂度为 $O(n)$。

范例 3　实现二叉树先序遍历的非递归操作

要求:设计一个函数,用非递归的方法实现二叉树的先序遍历。

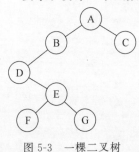

图 5-3　一棵二叉树

1. 问题分析

二叉树先序遍历的非递归过程需要用栈来辅助实现。如图 5-3 所示的二叉树,先序遍历时应该从根结点 A 开始,然后访问它的左子树,再访问它的右子树。

因此,先序遍历该二叉树的过程为:首先访问根结点 A,并将 A 入栈,接着访问 A 的左子树。在访问 A 的左子树时,首先访问左子树的根结点 B,并将 B 入栈,然后再访问 B 的左子树。先访问 B 的左子树的根结点 D,并将结点 D 结点入栈。接着应

访问 D 的左子树,由于 D 的左子树为空,此时栈中的数据如图 5-4
所示。栈顶为结点 D,D 不需要再访问,应该接着访问 D 的右子树。
此时将栈顶的结点 D 出栈,找到 D 的右子树。D 的右子树的根为
E,访问结点 E,并将其入栈。接着访问 E 的左子树的根结点 F,并
将 F 入栈,由于 F 没有左子树,将 F 出栈,由于 F 没有右子树,以 F
为根结点的二叉树访问完成。将栈顶结点 E 出栈,找到 E 的右子
树,右子树根结点为 G,访问 G,同时入栈。由于 G 没有左子树,将
G 出栈,找到 G 的右子树,G 的右子树为空,以 G 为根结点的二叉树
访问完毕。接着将栈顶元素 B 出栈,B 的右子树为空,则以 B 为根结点的二叉树访问完。接
着将栈顶元素 A 出栈,找到 A 的右子树。A 的右子树根结点为 C,访问 C,并将 C 入栈。C
没有左子树,将 C 出栈,然后访问 C 的右子树,C 的右子树也为空。最后栈为空,整个遍历
过程结束。

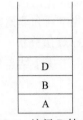

图 5-4 访问 D 结点之
后栈中的数据

对上述案例的分析总结如下:

找到某个结点,访问该结点并将其入栈。当找某个结点的左子树或右子树为空,说明以
某个结点为根结点的二叉树访问完毕,也就是栈顶结点的左子树访问完毕。接着将栈顶结
点出栈,找到其右子树,如果此时栈为空,说明二叉树所有结点访问完毕。

2. 算法描述

根据上述分析,先序遍历的非递归过程描述如下:

(1) 初始化一个空栈 S,指针 p 指向根结点;

(2) 当 p 非空或者栈 S 非空时,循环执行以下操作:

① 如果 p 非空,访问 p 所指元素,并将 p 进栈,p 指向该结点的左孩子;

② 如果 p 为空,则栈顶元素出栈,将 p 指向出栈结点的右孩子。

具体代码描述如下:

```
void PreOrderTraverse_NoRecur(BiTree T)
{    //先序遍历二叉树 T 的非递归算法
    InitStack(S);
    p = T;
    while(p || !StackEmpty(S))
    {
        if(p){                       //p 非空
            cout <<p->data;          //访问根结点
            Push(S, p);              //根指针进栈
            p = p->lchild;           //遍历左子树
        }
        else {                       //p 为空
            Pop(S, q);               //栈顶出栈
            p = q->rchild;           //遍历右子树
        }
    }
}
```

可以在范例 2 主函数的基础上,调用该函数对二叉树 T 进行非递归遍历,并比较递归遍历的序列和非递归遍历的序列是否一致。

3. 算法分析

由于每个结点只会被访问一次,该算法的时间复杂度是 $O(n)$,其中 n 是树中结点的数量。

5.4 实验任务

任务 1:根据二叉树的先序遍历序列和中序遍历序列建立二叉树。

要求:设计一个函数,根据两种遍历序列建立二叉树。例如,已知先序遍历序列 ABCDEFGH 和中序遍历序列 BDCEAFHG,建立该二叉树。

任务 2:实现二叉树中序遍历的非递归操作。

要求:设计一个函数,用非递归方法实现对任务 1 建立的二叉树进行中序遍历。

任务 3:给定两棵二叉树,判断两棵二叉树是否相等。

假设 T1 和 T2 是两棵二叉树,如果两棵二叉树都是空树;或者两棵树的根结点的值相等,并且根结点的左、右子树也分别相等,则称二叉树 $T1$ 与 $T2$ 是相等的。要求设计一个函数判断二叉树 $T1$ 和 $T2$ 是否相等。

任务 4(选做):编程求从二叉树根结点到指定结点 p 之间的路径。

要求:根据给出的一棵二叉树的根结点和任意给定的结点 p,输出从根结点到该结点 p 的路径。

5.5 任 务 提 示

1. 任务 1 提示

先序遍历是先访问根结点,然后先序遍历左子树,再先序遍历右子树。根结点在最前面,根据先序遍历序列可以找到根结点。中序遍历是先中序遍历左子树,再访问根结点,最后中序遍历右子树。利用先序遍历序列找到根结点后,再利用中序遍历序列可以分出该二叉树的左子树和右子树的结点。左右子树再用同样的方法确定根结点以及根结点的左子树和右子树。

例如已知先序遍历序列 ABCDEFGH 和中序遍历序列 BDCEAFHG,建立该二叉树。

由先序遍历序列可知 A 是根结点,再由中序遍历序列可知 A 的左子树包括四个结点,且左子树的中序遍历序列为 BDCE,先序遍历序列为 BCDE,A 的右子树包括 3 个结点,且右子树的中序遍历序列为 FHG,先序遍历序列为 FGH,如图 5-5 所示。

接着用同样的方法建立 A 的左右子树。

A 的左子树中序遍历序列 BDCE,先序遍历序列 BCDE。先序遍历序列中 B 在最前面,即 B 是根结点,是 A 的左孩子。中序遍历序列中 B 是第一个,前面没有元素,说明 B 没有左子树,右子树由 3 个结点组成,分别是 D、C、E,中序遍历序列为 DCE,先序遍历序列为 CDE,如图 5-6 所示。

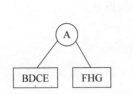

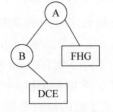

图 5-5 根据中序和先序建立二叉树(一)　　图 5-6 根据中序和先序建立二叉树(二)

　　接着建立 B 的右子树,B 的右子树中序遍历序列为 DCE,先序遍历序列为 CDE。由先序遍历序列可知,根结点为 C,由中序遍历序列可知,C 有左子树,左子树一个结点 D,即为 C的左孩子。C 有右子树,右子树一个结点 E,即为 C 的右孩子。此时 A 的左子树建立完毕,如图 5-7 所示。接着建立 A 的右子树。

　　A 的右子树中序遍历序列是 FHG,先序遍历序列是 FGH。由先序遍历序列可知 F 是根结点,由中序遍历序列可知 F 没有左子树,右子树有两个结点,右子树的中序遍历序列为HG,先序遍历序列为 GH,如图 5-8 所示。

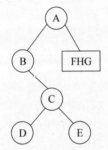

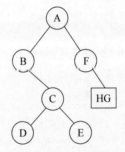

图 5-7 根据中序和先序建立二叉树(三)　　图 5-8 根据中序和先序建立二叉树(四)

　　F 的右子树中序遍历序列为 HG,先序遍历序列为 GH。由先序遍历序列可知 G 是根结点,即 G 是 F 的右孩子。由中序遍历序列可知,G 有左子树,左子树只有结点 H,H 就是G 左孩子,G 没有右孩子。二叉树建立完毕,如图 5-9 所示。

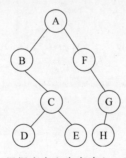

图 5-9 根据中序和先序建立二叉树(五)

　　建立过程中由先序遍历序列可知根结点,再由中序遍历序列可知根结点的左子树结点和右子树的结点。左子树和右子树可以用相同的方法建立,用递归来实现。

　　已知中序遍历序列 $in[i1..i1+\text{len}-1]$ 和先序遍历序列 $pre[i2..i2+\text{len}-1]$,有 len 个结点,递归建立二叉树 T 的过程如下:

① 如果序列长度 len 为 0，$T=$NULL，否则执行以下操作；

② 生成根结点 T，将 pre 的第一个元素存入 T 的数据域；

③ 找到 pre 第一个元素在 in 中的位置 m；

④ 计算左子树个数 leftLen 和右子树的个数 rightLen；

⑤ 递归建立 T 的左子树，中序遍历序列为 in$[i1..m-1]$，先序遍历序列为 pre$[i2+1..i2+$leftLen$]$，左子树的结点个数为 leftLen；

⑥ 递归建立 T 的右子树，中序遍历序列为 in$[m+1..i1+$len$-1]$，先序遍历序列为 pre$[i2+$leftLen$+1..i2+$len$-1]$，右子树的结点个数为 rightLen。

伪代码描述如下：

```
typedef char TElemType;
typedef struct BiTNode
{
    TElemType data;                         //数据域
    struct BiTNode * lchild, * rchild;      //分别指向左右孩子的指针
}BiTNode, * BiTree;
void CreateTree(BiTree &T, char * in, int i1, char * pre, int i2, int len)
{
    if(len <= 0) T = NULL;                  //长度小于1,递归结束
    else
    {
        T = (BiTNode *)malloc(sizeof(BiTNode));//生成根结点
        T->data = pre[i2];                  //将先序序列中的第一个元素放入数据域
        //找到先序序列第一个元素在中序序列中的位置 m
        for(m = i1;m <i1+len; m++)
            if(pre[i2] == in[m]) break;
        //计算左子树的个数
        leftLen = m - i1;
        //计算右子树的个数
        rightLen = len - (leftLen + 1);
        //递归建立左子树
        CreateTree(T->lchild, in, i1,pre,i2+1,leftLen);
        //递归建立右子树
        CreateTree(T->rchild, in, m+1, pre, i2+leftLen+1, rigthLen);
    }
}
```

2. 任务 2 提示

中序遍历的非递归过程和先序遍历的非递归类似，先序遍历过程中找到一个结点，就访问该结点，并将该结点入栈。中序遍历过程中，找到一个结点，由于需先访问其左子树，该结点先不能访问，直接将其入栈。当该结点的左子树访问完毕，回到该结点时再访问该结点，并找到该结点的右子树。所以在中序遍历的非递归过程中，当 p 不为空时，将结点入栈，当 p 为空，将栈顶元素出栈时再访问该出栈的结点。

中序遍历的非递归过程如下：

(1) 初始化一个空栈 S, 指针 p 指向根结点;

(2) 当 p 非空或者栈 S 非空时, 循环执行以下操作:

① 如果 p 非空, 则将 p 进栈, p 指向该结点的左孩子;

② 如果 p 为空, 则栈顶元素出栈并访问出栈的元素, 将 p 指向出栈元素的右孩子。

伪代码描述如下:

```
void InOrderTraverse_NoRecur (BiTree T)
{    //中序遍历二叉树 T 的非递归算法
    InitStack(S);
    p = T;
    while(p || !StackEmpty(S))
    {
        if(p){                          //p 非空
            Push(S,p);                  //根指针进栈
            p = p->lchild;              //遍历左子树
        }
        else {                          //p 为空
            Pop(S,q);                   //栈顶出栈
            cout <<q->data;             //访问根结点
            p = q->rchild;              //遍历右子树
        }
    }
}
```

3. 任务 3 提示

可以利用先序、中序和后序遍历方法, 采用递归函数来判断两棵树是否相等。假设两棵树相等, 函数返回 1, 否则返回 0。下面以利用先序遍历方法为例, 其基本操作步骤为:

(1) 如果两棵二叉树都为空, 则函数返回 1;

(2) 如果两棵二叉树都不为空, 则先判断两棵树的根结点值是否相等, 如果相等, 再采用递归调用的方法判断它的左、右子树是否相等, 如果都相等则函数返回 1;

(3) 其他情况都返回 0。

伪代码描述如下:

```
//判断两棵二叉树 T1 和 T2 是否相等
int SameTree(BiTree T1,BiTree T2)
{
    //两棵二叉树都为空,则函数返回 1
    if(T1 == NULL && T2 == NULL)
        same = 1;
    else if(T1 != NULL && T2 != NULL)      //如果两棵二叉树都不为空
    {
        //则先判断两棵树的根结点值是否相等
        if(T1 ->data == T2 ->data)
        {
            //则再采用递归调用的方法判断它的左、右子树是否相等
            s1 = SameTree(T1->lchild,T2->lchild);
```

```
        s2 = SameTree(T1->rchild,T2->rchild);
        //如果都相等则函数返回1
        if(s1 == 1 && s2 == 1)
            same = 1;
        else
            same = 0;
        }
    else
    {
    same = 0;
    }
    }
    else
        same = 0;
    return same;
}
```

4. 任务 4 提示

要求输出从根结点到指定结点 p 之间的路径,可利用后序遍历的非递归算法来实现。由于后序遍历访问到 p 所指结点时,栈中所有结点均为 p 所指结点的祖先,这些祖先便构成了一条从根结点到 p 结点之间的路径。

如图 5-10 所示为一棵二叉树,求出根结点到结点 G 之间的路径。

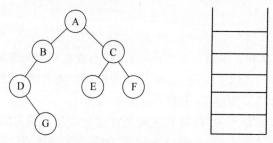

图 5-10　求指定结点到根结点路径(一)

初始化栈 S。从根结点开始,往左走,每找到一个结点就判断是否与指定结点相同,相同则结束,否则将其入栈,直到为空。先找到 A,A 不等于 G,入栈。接着往左走,找到结点 B,不等于 G,入栈。继续往左走,找到结点 D。不等于 G,入栈。继续往左走,这时为空。栈的状态如图 5-11 所示。

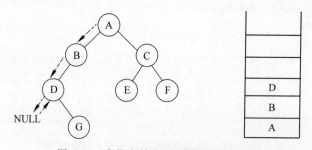

图 5-11　求指定结点到根结点路径(二)

接着回到栈顶结点 D,找到该结点的右孩子,即结点 G,等于要找的结点,查找结束。此时栈中结点就是从根结点到所找结点需要经过的结点。将栈中的元素一一出栈。因此,从根结点 A 到结点 G 的路径包括的结点有:ABDG。

　　伪代码描述如下:

```
//基于后序遍历在二叉树 T 中找根结点到指定元素 e 的路径
void FindPath(BiTree T,TElemType e)
{
    SqStack S;
    StackNode t;
    InitStack(S);
    BiTNode * p = T;
    while(p || !StackEmpty(S))
    {
        if(p)                            //p 非空
        {
            //将结点和数 1 同时入栈
            t.tag = 1;
            t.node = p;
            Push(S,t);                   //根指针进栈
            if(p->data == e)
                break;
            p = p->lchild;               //遍历左子树
        }
        else                             //p 为空
        {
            //获取栈顶元素
            StackNode * tp = GetTop(S);
            //如果是第一次回到该结点
            if(tp->tag == 1)
            {
                p = tp->node->rchild;    //遍历右子树
                tp->tag = 2;             //标志已返回一次
            }
            else                         //如果是第二次回到该结点
            {
                Pop(S,t);                //栈顶出栈
            }
        }
    }
    while(StackEmpty(S) == 0)
    {
        Pop(S,t);
        printf("%3c",t.node->data);
    }
}
```

第6章 图

图结构是一种常见的结构,如社交网络是一个复杂的图,它表示人与人之间的关系;交通网络也是图结构应用的一个实例,它表示道路和交叉口之间的关系;通信网络可表示设备之间的连接和通信关系;供应链网络可表示不同供应商、制造商和分销商之间的关系。本章的实验内容主要是图的实现及其实际应用。

6.1 知 识 简 介

6.1.1 图的定义

图是一种比线性表和树更为复杂的数据结构。在图结构中,任意两个数据元素之间都可能相关。图是由顶点的有穷非空集合和顶点之间边的集合组成,通常表示为 $G=(V,E)$,V 表示图 G 中顶点的集合,E 表示图 G 中边的集合。根据图的边有无方向,可将图分为有向图和无向图,如果图的任意两个顶点之间的边是无向的,则称该图为无向图,如果无向图的边是带权值的,则称为无向网,如果图的任意两个顶点之间的边是有向的,这样的边称为弧,称这样的图为有向图,如果有向图的弧是带权值的,则称为有向网。

视频讲解

6.1.2 图的存储

图有两种典型的存储结构,分别为邻接矩阵存储结构和邻接表存储结构。

1. 邻接矩阵存储结构

邻接矩阵表示法是用一个顶点表和一个邻接矩阵来存储图的方法。顶点表用来记录各个顶点的信息,邻接矩阵用来存储各个顶点之间关系。设图 $G(V,E)$ 是具有 n 个顶点的图,则图的邻接矩阵是一个二维数组 $G.arcs[n][n]$,如果顶点 i 和顶点 j 之间有边或弧,则值为 1,否则为 0。$G.arcs[i][j]$ 表示如下:

$$G.arcs[i][j]=\begin{cases}1, & \text{如果} <i,j> \in E \text{ 或者} (i,j) \in E \\ 0, & \text{否则}\end{cases}$$

图 6-1 表示一个无向图及其邻接矩阵,图 6-2 表示一个有向图及其邻接矩阵。

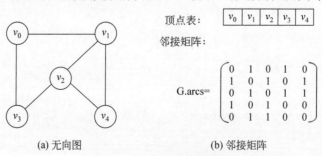

(a) 无向图   (b) 邻接矩阵

图 6-1　无向图的邻接矩阵

无向图的邻接矩阵是对称的矩阵,图中顶点 i 的度等于邻接矩阵中对应的第 i 行(列)中 1 的个数,邻接矩阵中所有元素之和是无向图边的 2 倍。

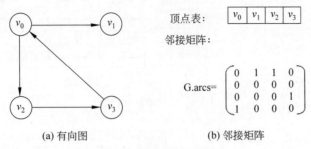

顶点表:

| v_0 | v_1 | v_2 | v_3 |

邻接矩阵:

$$G.arcs = \begin{pmatrix} 0 & 1 & 1 & 0 \\ 0 & 0 & 0 & 0 \\ 0 & 0 & 0 & 1 \\ 1 & 0 & 0 & 0 \end{pmatrix}$$

(a) 有向图　　　　　　　　(b) 邻接矩阵

图 6-2　有向图的邻接矩阵

有向图的邻接矩阵可能是不对称的。图中顶点 i 的出度等于邻接矩阵中第 i 行元素之和,顶点的入度等于邻接矩阵中第 i 列元素之和。邻接矩阵中所有元素之和等于有向图中弧的个数。为了表示一个图,应该描述的信息包括顶点信息表、顶点个数、边的个数、顶点之间的关系,而邻接矩阵主要表示顶点之间的关系。

邻接矩阵表示图的定义如下:

```
#define MAXINT 32767                           //表示极大值,即∞
#define MAXVNUM 100                            //最大顶点数
typedef struct
{
    VerTexType vexs[MAXVNUM];                  //顶点表
    ArcType arcs[MAXVNUM][MAXVNUM];            //邻接矩阵
    int vexNum;                                //顶点数
    int arcNum;                                //边或弧数
}AMGraph;
```

如果用邻接矩阵存储网,则邻接矩阵中元素的值用权值或无穷表示。如果两个顶点之间有边则对应邻接矩阵中的值为该边的权值,如果没有边则值为无穷。

邻接矩阵的空间复杂度为 $O(n^2)$,其中 n 为顶点个数。

2. 邻接表存储结构

视频讲解

邻接表是图的一种链式存储结构。邻接表表示法主要包括 2 部分:边表和表头结点表。边表是对图中每个顶点建立一个单链表,把与该顶点邻接的顶点放在这个链表中。表头结点表是用顺序存储结构存储图中顶点信息以及与该顶点对应边表第一个结点的地址。表头结点表是由表头结点组成。表头结点包括 2 部分:数据域 data 和链域 firstarc,数据域用来存储顶点信息,链域用来指向边表的第一个结点。边表由表示顶点间关系的边结点组成。边结点包括 3 部分:邻接点域 adjvex、数据域 info 和链域 nextarc。邻接点域用来表示顶点的某个邻接点在图中的位置,数据域用来存储与边相关的信息,如权值,链域用来指向与该顶点邻接的下一条边或弧的结点。由于图中的边或弧不带权值,所以数据域 info 可以忽略。图 6-3 表示一个无向图及其邻接表,图 6-4 表示一个有向图及其邻接表。

无向图某个顶点的度等于该顶点对应单链表中的结点个数,链表中所有结点的个数是无向图边的 2 倍。

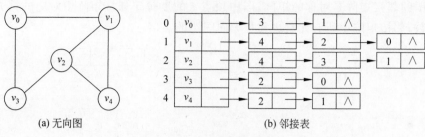

(a) 无向图　　　　　　　　　　　　　　(b) 邻接表

图 6-3　无向图的邻接表

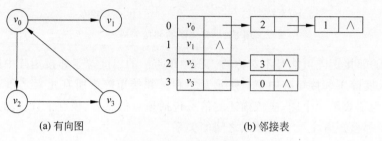

(a) 有向图　　　　　　　　　　　　　　(b) 邻接表

图 6-4　有向图的邻接表

有向图中某个顶点的出度等于邻接表中对应单链表中的结点个数，链表中所有结点的个数等于有向图弧的个数。

邻接表表示图的定义如下：

```
#define MAXVNUM 100                    //最大顶点数
typedef struct ArcNode                 //边结点
{
    int adjvex;                        //该边所依附的另一个顶点的序号
    struct ArcNode * nextarc;          //指向下一条边的指针
    OtherInfo info;                    //边(或弧)相关的信息
}ArcNode;
typedef struct VNode                   //表头结点
{
    VerTexType data;                   //顶点信息
    ArcNode * firstarc;                //指向第一条依附该顶点的边
}VNode, AdjList[MAXVNUM];              //AdjList 表示邻接表类型
typedef struct
{
    AdjList vertices;                  //邻接表
    int vexNum;                        //顶点个数
    int arcNum;                        //边或弧的个数
}ALGraph;                              //邻接表表示
```

如果用邻接表存储网，则在边结点的数据域 info 中存储对应边或弧的权值。

邻接表的空间复杂度为 $O(n+e)$，n 为顶点个数，e 为边个数。

6.1.3　图的遍历

图的遍历有两种方式：深度优先遍历和广度优先遍历。

1. 深度优先遍历

图的深度优先搜索遍历（depth-first search，DFS）类似于树的先序遍历，是树的先序遍历的推广。对于一个连通图，深度优先遍历的过程如下：

第一步，从图中某个顶点 v 出发，访问这个起始顶点 v。

第二步，找到刚访问顶点的一个没有访问的邻接点 w，以 w 为新的起始点对图进行深度优先遍历，直到刚访问过的顶点的所有邻接点都被访问为止。

第三步，返回前一个访问过且仍有未被访问的邻接点的顶点，找到该顶点的一个未被访问的邻接点，访问该顶点。

重复第二步和第三步，直至图中所有顶点都被访问过，搜索结束。

访问过程中为了避免顶点重复访问，设置访问标志 visited[MAXVNUM]，数组的初始值都为 false，表示开始时所有的顶点都没有被访问。当访问某个顶点后，将该顶点对应的 visited 值设置为 true，表示该顶点已被访问。此遍历的特点是尽可能先对纵深方向进行搜索。

对于非连通图，从某个顶点出发遍历后，图中一定还有顶点未被访问，需要从图中另选一个未被访问的顶点作为起点，重复上述深度优先搜索过程，直到图中所有顶点都被访问为止。

注意上述深度优先遍历过程的第二步，以 w 为新的起始点对图进行深度优先遍历，因此，深度优先遍历在一般情况下可用递归方式实现。

2. 广度优先遍历

广度优先遍历（breadth-first search，BFS）类似于树的层次遍历。对于一个连通图，广度优先遍历过程如下：

第一步，从图中某个顶点 v 出发，访问顶点 v。

第二步，依次访问顶点 v 的各个未被访问过的邻接点。

第三步，分别从这些邻接点出发依次访问它们的邻接点，并使"先被访问的顶点的邻接点"先于"后被访问的顶点的邻接点"被访问。

重复第三步，直到图中所有已被访问的顶点的邻接点都被访问到。

在进行广度优先搜索遍历时，先访问的顶点的邻接点先被访问。如果顶点 i 先于顶点 j 访问，则顶点 i 的未被访问过的邻接点先于顶点 j 的未被访问过的邻接点访问。因此，算法实现时需使用队列来保存已被访问过的顶点。

访问过程中为了避免顶点重复访问，设置访问标志 visited[MAXVNUM]，数组的初始值都为 false，当访问某个顶点后，将该顶点对应的 visited 值设置为 true，表示已访问。

对于非连通图，从某个顶点出发遍历后，图中一定还有顶点未被访问，需要从图中另选一个未被访问的顶点作为起点，重复上述广度优先搜索过程，直到图中所有顶点都被访问为止。

图的遍历过程实质上是查找每个顶点的邻接点的过程。

6.2　实 验 目 的

通过本章的实验,加深对图的邻接矩阵、邻接表两种存储方式以及深度优先搜索、广度优先搜索等知识的理解,培养学生用图结构解决实际问题的能力,同时锻炼学生实际编程和算法设计的能力。

6.3　实 验 范 例

视频讲解

范例1　用邻接矩阵作为图的存储结构建立一个无向图

1. 问题分析

采用邻接矩阵存储无向图时,需要知道顶点数、边数和边信息,其中矩阵(二维数组)的大小由顶点数决定,边信息将存储在矩阵内。建立无向图的算法步骤如下:

(1) 输入总顶点数 vexNum 和总边数 arcNum。

(2) 依次输入顶点的信息并将其存入顶点表 vexs 中。

(3) 初始化邻接矩阵,将每个元素初始化为0。

(4) 构建邻接矩阵。依次输入每条边依附的顶点,确定两个顶点在图中的位置 i、j,将邻接矩阵中的第 i 行第 j 列和第 j 行第 i 列的值赋值1。

2. 算法描述

首先定义邻接矩阵存储结构。

```
typedef struct
{
    VerTexType vexs[MAXVNUM];                //顶点表
    ArcType arcs[MAXVNUM][MAXVNUM];          //邻接矩阵
    int vexNum;                              //顶点数
    int arcNum;                              //边数
} AMGraph;
```

其中顶点类型 VerTexType 和边类型 ArcType 可以定义成所需的类型,假设顶点为字符类型,边为整型,则在头文件之后添加如下语句即可。

```
typedef char VerTexType;
typedef int ArcType;
```

然后定义函数 CreateUDG(AMGraph &G)建立无向图的邻接矩阵。

```
int CreateUDG(AMGraph &G)
    int i,j,k;
    VerTexType v1,v2;
    printf("输入图的顶点个数和边数:");
    scanf("%d%d",&G.vexNum,&G.arcNum);
    printf("输入顶点信息:");
    fflush(stdin);                          //清空输入缓冲区
    for(i=0; i<G.vexNum; i++)
```

```
    {
        G.vexs[i] = getchar();
    }
    //初始化邻接矩阵
    for(i = 0; i < G.vexNum; i++)
        for(j = 0; j < G.vexNum; j++)
            G.arcs[i][j] = 0;
    printf("\n");
    printf("输入边的信息(v1,v2),每输入一条边回车:\n");
    for(k=0; k<G.arcNum; k++)
    {
        fflush(stdin);
        scanf("(%c,%c)", &v1, &v2);
        //查找两个顶点的下标
        i=LocateVex(G,v1);
        j=LocateVex(G,v2);
        G.arcs[i][j] = 1;
        G.arcs[j][i] = 1;
    }
    return 1;
}
```

以上 CreateUDG() 函数中需要查找顶点的下标。对于给出的顶点 v,可以在顶点表中查找 v 对应的下标,设计 LocateVex() 函数如下:

```
int LocateVex(AMGraph G, VerTexType v)          //查找顶点 v 在顶点表中的位置
{
    int i;
    for(i=0; i<G.vexNum; i++)
    {
        if(G.vexs[i] == v)
            return i;
    }
    return -1;                                   //未找到,返回-1
}
```

3. 算法分析

CreateUDG() 函数需要读入顶点信息和边信息,共有 vexNum 个顶点信息及 arcNum 条边信息需要被读入。在读入边对应的两个顶点时还需要确定这两个顶点在顶点表中的位置。我们可以根据这些信息计算 CreateUDG() 函数的时间复杂度。然而,执行 CreateUDG() 函数的时间主要由用户输入数据的速度决定,用户从键盘输入数据需要的时间远远大于函数中其他语句的执行时间。因此,计算该函数的时间复杂度意义不大。

范例 2　对范例 1 中建立的无向图进行深度优先遍历,并输出遍历序列

1. 问题分析

假设从图中第 v 个顶点出发对图进行深度优先遍历。先访问这个顶点,然后找到该

顶点的一个没有被访问的邻接点,假设为第 j 个顶点,以第 j 个顶点为新的起始点对图进行深度优先遍历,直到顶点 v 的所有邻接点都被访问为止。为了区分顶点是否被访问过,定义一个访问标志数组 visited1,如果第 j 个顶点没有被访问过,则 visited1$[j]=0$,否则 visited1$[j]=1$。

2. 算法描述

根据以上分析,先设置一个访问标志数组 visited1,然后从第 v 个顶点出发深度优先遍历无向图 G。可设计深度优先遍历函数 DFSTraverse(),该函数有两个参数,分别为图 G 和起始顶点 v。DFSTraverse()函数如下:

```
//该访问标志被递归函数 DFSTraverse()共享,因此定义成一个全局量
int visited1[MAXVNUM] = {0};
void DFSTraverse(AMGraph G, int v)          //以 v 为起始顶点深度优先遍历无向图 G
{
    int j;
    printf("%3c",G.vexs[v]);
    visited1[v]=1;                          //顶点 v 已被访问
    for(j = 0; j < G.vexNum; j++)
    {
        //第 j 个顶点与 v 相邻且没有被访问
        if(G.arcs[v][j] == 1 && visited1[j] == 0)
            DFSTraverse(G, j);              //从顶点 j 出发深度优先遍历
    }
}
```

3. 算法分析

采用邻接矩阵存储方式对图进行深度优先遍历时,查找一个顶点的邻接顶点所需的时间为 $O(n)$,需要对 n 个顶点的邻接顶点进行查找,因此该时间复杂度为 $O(n^2)$。

范例 3　对范例 1 中建立的无向图进行广度优先遍历,并输出遍历序列

1. 问题分析

假设从图中第 v 个顶点出发进行广度优先遍历。先访问此顶点,然后访问该顶点的各个未曾访问的邻接点 $w_1,w_2,\cdots,w_k$。然后,依次从 $w_1,w_2,\cdots,w_k$ 出发访问各自未被访问的邻接点。重复上述步骤,直到全部顶点都被访问为止。

广度优先遍历需要借助队列保存当前已经访问过的顶点,然后再访问这些顶点的邻接点。为了区分顶点是否被访问过,定义一个访问标志数组 visited2,如果第 j 个顶点没有被访问过,则 visited2$[j]=0$,否则 visited2$[j]=1$。

2. 算法描述

根据以上分析,先设置一个访问标志数组,然后从第 v 个顶点出发广度优先遍历无向图 G。可设计广度优先遍历函数 BFSTraverse(),该函数有两个参数,分别为图 G 和起始顶点 v。BFSTraverse()函数如下:

```
int visited2[MAXVNUM]= {0};
void BFSTraverse(AMGraph G, int v)          //以顶点 v 为起始顶点广度优先遍历图 G
{
    int u,j;
```

```
    SqQueue Q;
    printf("%3c",G.vexs[v]);                //访问起始顶点
    visited2[v] = 1;                        //将起始顶点设置已访问标志
    InitQueue(Q);                           //初始化队列
    EnQueue(Q, v);                          //将被访问顶点入队
    while(!QueueEmpty(Q))
    {
        DeQueue(Q, u);                      //队头元素出队
        //找到顶点 u 的没有被访问的邻接点,访问并入队
        for(j = 0; j < G.vexNum; j++)
        {
            if(G.arcs[u][j] == 1 && visited2[j] == 0)
            {
                printf("%3c", G.vexs[j]);
                visited2[j] = 1;
                EnQueue(Q, j);
            }
        }
    }
}
```

　　图的遍历过程实质上是查找顶点的邻接点的过程。基于邻接矩阵存储方式对图进行遍历,查找某个顶点的邻接点就是在邻接矩阵中扫描该顶点对应的行,查找值为 1 的元素。

　　上述三个函数加上队列的基本操作,最后三个案例的源代码如下:

```
# include <stdio.h>
# include <stdlib.h>
# define MAXVNUM 100                        //最大顶点数
# define MAXQSIZE 100
typedef char VerTexType;
typedef int ArcType;
//定义队列
typedef int QElemType;
typedef struct
{
    QElemType * base;
    int front;
    int rear;
}SqQueue;
//初始化队列 Q
int InitQueue(SqQueue &Q)
{
    Q.base=(QElemType *)malloc(MAXQSIZE * sizeof(QElemType));
    if(!Q.base)
        return 0;
    Q.front=0;
```

```
        Q.rear=0;
        return 1;
    }
    //将元素 e 入队 Q
    int EnQueue(SqQueue &Q,QElemType e)
    {
        if((Q.rear+1)%MAXQSIZE==Q.front)
            return 0;
        Q.base[Q.rear]=e;
        Q.rear=(Q.rear+1)%MAXQSIZE;
        return 1;
    }
    //将队列 Q 的对头元素出队,并用 e 返回出队元素
    int DeQueue(SqQueue &Q,QElemType &e)
    {
        if(Q.front==Q.rear)
            return 0;
        e=Q.base[Q.front];
        Q.front=(Q.front+1)%MAXQSIZE;
        return 1;
    }
    //判断队列 Q 是否为空
    int QueueEmpty(SqQueue Q)
    {
        if(Q.front==Q.rear)
            return 1;
        else
            return 0;
    }
    //加上建立图、深度优先遍历和广度优先遍历三个函数的定义
    //主函数
    int main()
    {
        AMGraph G;
        CreateUDG(G);
        printf("深度优先遍历序列为:");
        DFSTraverse(G,0);
        printf("\n");
        printf("广度优先遍历序列为:");
        BFSTraverse(G,0);
        return 0;
    }
```

3. 算法分析

采用邻接矩阵存储方式对图进行广度优先遍历时,查找一个顶点的邻接顶点所需的时间为 $O(n)$,需要对 n 个顶点的邻接顶点进行查找,因此该时间复杂度为 $O(n^2)$。

6.4 实验任务

任务 1：用邻接表作为图的存储结构建立一个无向图。

任务 2：在任务 1 建立的无向图邻接表的基础上，对图进行深度优先遍历和广度优先遍历，输出遍历序列，并分析算法的时间复杂度。

任务 3（扩展题，选做）：用邻接矩阵作为图的存储结构建立一个连通网，并构建该网的最小生成树。

任务 4（扩展题，选做）：设计一个校园导航系统。用无向图表示你所在学校的校园景点平面图，图中顶点表示主要景点，存放景点的编号、名称、简介等信息，图中的边表示景点间的道路，存放路径长度等信息。要求实现如下功能：

(1) 查询各景点的相关信息。

(2) 查询图中任意两个景点间的最短路径。

(3) 查询图中任意两个景点间的所有路径。

6.5 实验提示

1. 任务 1 提示

用邻接表表示法创建无向图的步骤如下。

(1) 输入总顶点数和总边数。

(2) 依次输入点的信息存入顶点表中，使每个表头结点的指针域初始化为 NULL。

(3) 创建邻接表：

① 输入边，确定边所依附的两个顶点的序号 i 和 j；

② 生成两个边表结点，将两个结点的数据域存入 j 和 i，并将这两个边表结点分别插入 v_i 和 v_j 对应的两个边链表的头部。

伪代码描述如下：

```
int CreateUDG(ALGraph &G)
{
    //输入总顶点数,总边数
    cin>>G.vexNum>>G.arcNum;
    //输入各点,构造表头结点表
    for(i = 0; i<G.vexNum; ++i)
    {
        cin>> G.vertices[i].data;           //输入顶点值
        G.vertices[i].firstarc=NULL;        //初始化表头结点的指针域为 NULL
    }
    //输入各边,构造邻接表
    for(k = 0; k<G.arcNum;++k)
    {
        cin>>v1>>v2;                         //输入一条边依附的两个顶点
        //找到顶点在顶点表中的下标
```

```
        i = LocateVex(G, v1);
        j = LocateVex(G, v2);
        //生成一个新的边结点 * p1
        p1=new ArcNode;
        p1->adjvex=j;                         //邻接点序号为 j
        p1->nextarc= G.vertices[i].firstarc;  //将 p1 插入顶点 vi 的边表头部
        G.vertices[i].firstarc=p1;
        p2=new ArcNode;                       //生成另一个对称的新的边结点 * p2
        p2->adjvex=i;                         //邻接点序号为 i
        //将新结点 * p2 插入顶点 vj 的边表头部
        p2->nextarc= G.vertices[j].firstarc;
        G.vertices[j].firstarc=p2;
    }
    return 1;
}
```

2. 任务 2 提示

基于邻接表存储方式的遍历与基于邻接矩阵存储方式的遍历在查找邻接点方式上有所不同。在邻接表中,某个顶点的所有邻接点存储在该顶点对应的边表中,对边表进行遍历就可以找到顶点的所有邻接点。

(1) 深度优先遍历无向图。

基于邻接表存储方式深度优先遍历图 G 的伪代码描述如下:

```
void DFS(ALGraph G, int v)
{ //从第 v 个顶点出发对图 G 进行深度优先遍历
    cout<< G.vertices[i].data;             //访问第 v 个顶点
    visited[v] = 1;                        //设置已访问标志
    p = G.vertices[v].firstarc;            //p 指向 v 的边链表的第一个边结点
    while(p != NULL)                       //依次检查 v 的邻接点
    {
        w = p->adjvex;                     //w 是 v 的邻接点
        //如果 w 未访问,则递归调用 DFS
        if(!visited[w])
            DFS(G, w);
        p = p->nextarc;                    //p 指向下一个边结点
    }
}
```

(2) 广度优先遍历无向图。

基于邻接表存储方式广度优先遍历图 G 的伪代码描述如下:

```
void BFS (ALGraph G, int v)
{ //从第 v 个顶点出发对图 G 进行广度优先遍历
    cout<< G. vertices[v].data;            //访问第 v 个顶点
    visited[v] = 1;                        //设置已访问标志
    InitQueue(Q);                          //初始化队列 Q
    EnQueue(Q, v);                         //并将 v 入队
```

```
    while(!QueueEmpty(Q))                             //队列非空
    {
        DeQueue(Q, u);                                //队头元素出队并赋给 u
        p = G. vertices [u].firstarc;                 //找到 u 的边结点
        while(p != NULL)
        {
            w = p -> adjvex;
            if(visited[w] == 0)                       //w 为 u 的尚未访问的邻接顶点
            {
                cout<< G. vertices [w].data;          //访问第 w 个顶点
                visited[w] = 1;                       //设置已访问标志
                EnQueue(Q, w);                        //w 进队
            }
            p = p -> nextarc  ;                       //找下一个邻接点
        }
    }
}
```

3. 任务 3 提示

如果连通图是一个网络,生成树的各边权值之和称为这棵生成树的代价,称该网络所有生成树中权值最小的生成树为最小代价生成树,简称为最小生成树。常见的构建最小生成树的算法有普里姆(Prim)算法和克鲁斯卡尔(Kruskal)算法,这两种算法都是利用 MST 性质构造最小生成树的算法。MST 性质:假设 $N=(V,E)$ 是一个连通网,U 是顶点集 V 的一个非空子集,若 (u,v) 是一条具有最小权值(代价)的边,其中 $u \in U$、$v \in V-U$,则必存在一棵包含边 (u,v) 的最小生成树。

实现 Kruskal 算法一般采用边集数组形式存储网,而不是邻接矩阵方式存储,所以本题采用 Prim 算法。

Prim 算法的基本思想:假设网 $G=(V,E)$ 是连通的,$T=(U,TE)$ 为要构建的一棵最小生成树,其中 U 是 G 上最小生成树顶点的集合,TE 是 G 上最小生成树中边的集合。开始时 $U=\{u_0\}$,$TE=\{\}$。重复进行如下操作:在所有 $u \in U$,$v \in V-U$ 的边 $(u,v) \in E$ 中,选择一条权最小的边 (u,v) 并入 TE 中,同时将 v 并入 U,直到 $U=V$ 为止。这时产生的 TE 中必有 $n-1$ 条边,$T=(U,TE)$ 是 G 的一棵最小生成树。

算法实现过程中需引进一个数组 closedge,其定义如下:

```
struct                      //定义从顶点集 U 到 V-U 的权值最小的边的辅助数组
{
    ArcType lowcost;        //存放最小边上的权值
    VerTexType adjvex;      //最小边在集合 U 中的顶点
}closedge[MAXVNUM];
```

数组中的 2 个成员 adjvex 和 lowcost,分别用于存放最小边在集合 U 中的顶点和最小边上的权值。所有的顶点 closedge[i].adjvex 都已在 U 中。若 closedge[k].lowcost=0,则表示下标为 k 的顶点在 U 中;若 $0<$closedge[k].lowcost$<\infty$,则下标为 k 的顶点在 $V-U$ 中,且(closedge[k]. adjvex,vex[k])是与顶点 vex[k]邻接的且两邻接顶点分别在 U 和 $V-U$

的所有边中权值最小的边,其最小权值就是 closedge[k].lowcost。若 closedge[k].lowcost＝∞,则表示 closedge[k].adjvex 与顶点 vex[k]之间没有边,用∞表示。

基于邻接矩阵存储和 closedge 数组的 Prim 算法的实现步骤如下:

(1) 首先将初始顶点 u 加入 U 中,对其余的每一个顶点,将 closedge 中对应的值初始化为该顶点到 u 的边信息。

(2) 循环 vexNum－1 次,做如下处理:

① 从各组边 closedge 中选出最小边 closedge[k],输出此边;

② 将 k 加入 U 中;

③ 更新剩余的每组最小边信息 closedge[j],对于 $V-U$ 中的边,新增加了一条从 k 到 j 的边,如果新边的权值比 closedge[j].lowcost 小,则将 closedge[j].lowcost 更新为新边的权值。

4. 任务 4 提示

可以采用邻接矩阵的方式对图进行存储。需要查询任意两个景点的最短路径,也就是图中任意两个顶点之间的最短路径。求所有顶点之间的路径可用 Floyd 算法。可以基于深度优先遍历求任意两个景点间的所有路径。

(1) 求所有顶点之间的最短路径——Floyd 算法。

Floyd 算法又称为插点法,是一种利用动态规划的思想寻找给定的加权图中多源点之间最短路径的算法,与 Dijkstra 算法类似。该算法名称以创始人之一、1978 年图灵奖获得者、斯坦福大学计算机科学系教授罗伯特·弗洛伊德命名。

通过一个图的权值矩阵求出每两点间的最短路径矩阵。从图的带权邻接矩阵 $A=[a(i,j)]_{n×n}$ 开始,迭代地进行 n 次更新,即由矩阵 $D(0)=A$,按一个公式,构造出矩阵 $D(1)$;又用同样地公式由 $D(1)$ 构造出 $D(2)$;……;最后又用同样的公式由 $D(n-1)$ 构造出矩阵 $D(n)$。矩阵 $D(n)$ 的 i 行 j 列元素即 i 号顶点到 j 号顶点的最短路径长度,称 $D(n)$ 为图的距离矩阵,同时还可引入一个后继节点矩阵 path 来记录两点间的最短路径。

在实现过程中需要引入两个辅助的二维数组:二维数组 Path[i][j],存储最短路径上顶点 v_j 的前一顶点的序号;二维数组 $D[i][j]$,记录顶点 v_i 和 v_j 之间的最短路径长度。

算法步骤如下:

① 将 v_i 到 v_j 的最短路径长度初始化,即 $D[i][j]$＝G.arcs[i][j]。

② 进行 n 次比较和更新。

- 在 v_i 和 v_j 之间加入顶点 v_0,比较(v_i,v_j)和(v_i,v_0,v_j)的路径长度,取其中较短者作为 v_i 到 v_j 的中间顶点序号不大于 0 的最短路径。

- 在 v_i 和 v_j 之间加入顶点 v_1,得到$(v_i,\cdots,v_1)$和$(v_1,\cdots,v_j)$,其中$(v_i,\cdots,v_1)$是从 v_i 到 v_1 的且中间顶点序号不大于 0 的最短路径,$(v_1,\cdots,v_j)$是从 v_1 到 v_j 的且中间顶点的序号不大于 0 的最短路径。这两个路径已经在上一步求出。比较$(v_i,\cdots,v_1,\cdots,v_j)$与上一步求出的 v_i 到 v_j 的中间顶点序号不大于 0 的路径长度,取其中较短者作为 v_i 到 v_j 的中间顶点序号不大于 1 的最短路径。

- 依次类推,在 v_i 和 v_j 之间加入顶点 v_k,得到$(v_i,\cdots,v_k)$和$(v_k,\cdots,v_j)$,其中$(v_i,\cdots,v_k)$是从 v_i 到 v_k 的且中间顶点序号不大于 $k-1$ 的最短路径,$(v_k,\cdots,v_j)$是从 v_k 到 v_j 的且中间顶点的序号不大于 $k-1$ 的最短路径。将$(v_i,\cdots,v_k,\cdots,v_j)$和已经得到

的从 v_i 到 v_j 的且中间顶点序号不大于 $k-1$ 的路径相比较，其长度较短者便是 v_i 到 v_j 的中间顶点序号不大于 k 的最短路径。经过 n 次比较后，最后求得的必是从 v_i 到 v_j 的最短路径。

图中的所有顶点对 v_i 和 v_j 间的最短路径长度对应一个 n 阶方阵 D。在上述 $n+1$ 步中，D 的值不断变化，对应一个 n 阶方阵序列。n 阶方阵序列可定义为：

$$D^{(-1)}, D^{(0)}, D^{(1)}, \cdots, D^{(k)}, \cdots, D^{(n-1)}$$

其中，

$$D^{(-1)}[i][j] = G.\text{arcs}[i][j]$$

$$D^{(k)}[i][j] = \min\{D^{(k-1)}[i][j], D^{(k-1)}[i][k] + D^{(k-1)}[k][j]\} \quad 0 \leqslant k \leqslant n-1$$

显然，$D^{(1)}[i][j]$ 是从 v_i 到 v_j 的且中间顶点的序号不大于 1 的最短路径的长度；$D^{(k)}[i][j]$ 是从 v_i 到 v_j 的且中间顶点的序号不大于 k 的最短路径的长度；$D^{(n-1)}[i][j]$ 就是从 v_i 到 v_j 的最短路径的长度。

算法的伪代码描述如下：

```
void ShortestPath_Floyd(AMGraph G)
{
    //所有顶点对初始化已知路径长度和距离
    for(i = 0; i < G.vertexNum, i++)
        for(j = 0; j < G.vertexNum; j++)
        {
            D[i][j] = G.arcs[i][j];
            //i 和 j 之间有边,则 j 的前驱为 i,否则为-1
            if(D[i][j] < MAXINT && i != j)
                Path[i][j] = i;
            else
                Path[i][j] = -1;
        }
    for(k = 0; k < G.vertexNum; k++)
        for(i = 0; i < G.vertexNum; i++)
            for(j = 0; j < G.vertexNum; j++)
                //找到 i 和 j 之间更短路径,此路径经过 k
                if(D[i][k]+D[k][j] < D[i][j])
                {
                    D[i][j] = D[i][k] + D[k][j];          //更新路径
                    Path[i][j] = Path[k][j];              //修改前驱
                }
}
```

该算法的时间复杂度为 $O(n^3)$。

（2）求无向图中任意两个顶点的所有路径算法。

该方法基于图的深度优先遍历。实现过程中使用栈和标记数组辅助。栈用来存储正在搜索的路径，栈底为源点。标记数组用来标记每一轮搜索过程中路径上的顶点是否被访问（或者表示是否在栈中，避免回路的产生）。

利用深度优先搜索获取两点间所有简单路径的过程如下。

给定一个无向网 G 的邻接矩阵存储方式,起始顶点 v 和目标顶点 w。辅助栈 S 和辅助标记数组 flag[]。开始时将 v 入栈 S,并将 v 对应标记改为已访问标记。只要栈 S 不为空,获得栈顶元素 t,如果栈顶元素为目标顶点 w,则找到一条顶点 v 到顶点 w 的路径,其路径就在栈 S 中,输出栈 S 中的所有元素,并将该顶点出栈,同时设置未访问标记,回溯到上一个顶点。

如果栈顶元素不是目标顶点 w,则找到 v 的一个未访问的顶点 i,以该顶点为起始顶点找到到目标顶点 w 的路径。如果该顶点的所有邻接点都找完,这时将该顶点出栈,同时设置未访问标记,回溯到上一个顶点。当起始顶点的所有邻接点都找完,栈为空,算法结束。算法伪代码描述如下:

```
//初始化辅助栈 S 和辅助标记数组 flag[MAXVNUM]
void DFS_AllPath(AMGraph G, VerTexType v, VerTexType w)
{
    s1 = LocateVex(G,v);                         //找到顶点 v 的下标
    Push(S,v);                                   //将起始顶点入栈
    flag[s1]=1;                                  //将其标记为已访问标记,也就是在栈中
    while(StackEmpty(S) != 1)                    //栈不为空
    {
        GetTop(S,t);                             //获得当前顶点
        s1 = LocateVex(G,t);
        if(t == w)                               //找到目标结点
        {
            printf("找到一条路径: ");
            printStack(S);
            printf("\n");
            //将顶点出栈,并设为未访问标志
            Pop(S,x);
            s2 = LocateVex(G,x);
            flag[s2] = 0;
            break;
        }
        else
        {
            for(i = 0; i < G.vertexNum; i++)
            {
                if(G.arcs[s1][i] != MAXINT && flag[i] == 0)
                {
                    DFS_AllPath(G,G.vex[i],w);   //找到一个未访问的邻接点
                }
            }
            //当其所有邻接点都访问完,接着将栈顶顶点出栈,设未访问标记
            if(i == G.vertexNum)
            {
```

```
            Pop(S,t);
            S2= LocateVex(G,t);
            flag[s2] = 0;
            break;
        }
    }
}
}
```

第7章 查 找

在实际应用中,查找运算是非常常见的操作,应用极其广泛,涉及计算机科学与软件工程的多个领域,包括数据库系统、文件系统、搜索引擎、网络路由、编译器、机器学习和人工智能等。在任何需要快速访问、定位或更新数据元素的地方,查找算法都是核心的技术支撑。通过合理选择和设计数据结构以及相应的查找策略,可以极大地提高程序性能和资源利用率。

7.1 知 识 简 介

7.1.1 查找的基本概念

在数据结构中,查找是一个重要概念和操作,它是在一组预先组织好的数据集合(称为查找表或查找结构)中确定一个特定的数据元素(记录或键值对)的过程。查找的目的通常是找到与给定关键字相匹配的数据元素。

1. 查找表

查找表是由同一类型的数据元素(或记录)构成的集合。由于“集合”中的数据元素之间存在着完全松散的关系,因此查找表是一种非常灵便的数据结构,可以利用其他的数据结构来实现,如线性表、树表和散列表等。

2. 关键字

关键字是数据元素中的某个特定字段,用以区分不同的数据元素。主关键字通常是用来进行查找的主要依据,而次关键字则可以用于辅助排序或进一步细化搜索条件。

3. 查找方法

查找方法按数据结构组织方式可以分为:线性表的查找、树表的查找和哈希表的查找。

线性表的查找:采用线性表作为查找表的组织形式,在线性表中查找指定元素的主要方法包括顺序查找、折半查找(也称为二分查找,仅限于有序线性表)、分块查找。

树表的查找:采用树作为查找表的组织形式,查找操作主要依赖树的类型和特性,主要查找方法包括二叉排序树(二叉查找树)、B 树、AVL 树、红黑树等,根据结点的关键字进行递归搜索。

哈希表的查找:哈希表(hash table)是一种高效的数据结构,它通过哈希函数将关键字映射到一个固定大小的数组中,从而实现快速查找、插入和删除操作。

4. 查找性能指标

查找长度:查找过程中实际需要对比的关键字次数。

平均查找长度(average search length,ASL):为了确定数据元素在查找表中的位置,需和给定值进行比较的关键字个数的期望值,称为查找算法在查找成功时的平均查找长度。它是衡量查找算法效率的重要标准。

7.1.2 线性表的查找

在线性表的查找中,顺序查找既适用于线性表的顺序存储结构,又适用于线性表的链式存储结构,折半查找要求线性表必须是顺序存储结构,分块查找的表可以是顺序存储结构也可以是链式存储结构,但索引表必须是顺序存储结构。

查找表采用顺序存储结构的数据描述为:

```
typedef struct{
    KeyType key;                        //关键字域
    InfoType otherinfo;
}ElemType;                              //数据元素类型
typedef struct{
    ElemType * R;                       //存储空间基地址
    int length;                         //当前长度
}SSTable;
```

7.1.3 树表的查找

树表的查找主要依靠二叉排序树。二叉排序树或者是空树,或者是具有下列性质的二叉树:若左子树不空,则左子树上所有结点的值均小于根结点的值;若右子树不空,则右子树上所有结点的值均大于根结点的值;左右子树又分别是二叉排序树。

采用二叉链表存储结构存储二叉排序树,二叉链表存储表示如下:

```
typedef struct {
    KeyType key;                        //关键字项
    InfoType otherinfo;                 //其他数据项
}ElemType;
typedef struct BSTNode{
    ElemType data;
    struct BSTNode * lchild, * rchild;  //左右孩子指针
}BSTNode, * BSTree;
```

7.2 实 验 目 的

通过本章的实验,深刻理解基于不同查找结构的查找技术,在实际应用中能够灵活选择或设计合适的查找方法,同时锻炼学生实际编程和算法设计的能力。

7.3 实 验 范 例

视频讲解

一个班有 50 个学生,每个学生的信息有学号、姓名、性别、大学英语成绩和高等数学成绩,学生信息如表 7.1 所示。要求根据输入的学号查找学生的其他信息。

范例 1 顺序查找(设置监视哨)

根据输入的 n 个学生的信息,建立顺序表,并在顺序表中用顺序查找方法(带监视哨)查找与输入的学号相同的学生信息,输出该学生的所有信息。

表 7-1　学生成绩表

学号	姓名	性别	大学英语	高等数学
2023001	Alan	F	93	88
2023002	Danie	M	75	69
2023003	Peter	M	56	77
2023004	Bill	F	87	90
2023005	Helen	M	79	86
2023006	Amy	F	68	75

1. 问题分析

首先需要定义顺序表,顺序表中每个元素用来存储一个学生的信息,需要定义结构体类型,即数据元素的类型。然后初始化顺序表,分配能放 MAXSIZE+1 学生信息的空间(下标为 0 的单元用来存放哨兵),将顺序表的长度初始化为 0。接着建立长度为 n 的顺序表,输入 n 个学生信息,将学生信息存入顺序表中。这个过程和实验一的过程相同。输入需要查找学生的学号,利用顺序查找在顺序表中查找和给定学号相同的学生。

顺序查找(带监视哨)操作的基本步骤:首先将查找的关键字的值存入监视哨中,监视哨可设置在表头,也可设置在表尾,这里我们将其设置在表头。接着从表中最后一个元素开始,逆序扫描查找表,依次将扫描到的元素的学号与所给学号进行比较,相等则返回该元素的下标。由于将待查找的学号放在下标为 0 的位置,如果元素不存在,当比较到监视哨时两个学号相等,返回 0,表示查找失败。

由于顺序表中的数据元素包含多个数据,输入一个学生信息和输出一个学生信息分别定义两个函数来实现。

2. 算法描述

首先定义顺序查找表 SSTable,定义如下:

```
typedef struct Student
{
    char No[8];          //学号
    char name[16];       //姓名
    char sex;            //性别
    int english;         //大学英语成绩
    int math;            //高等数学成绩
}ElemType;               //数据元素类型
typedef struct
{
    ElemType * R;        //存储空间基地址
    int length;          //当前长度
} SSTable;               //顺序查找表
```

顺序查找表类型定义完成后,设计函数 InitList(SSTable &ST)初始化查找表 ST。该函数首先申请能存储 MAXSIZE+1 个 ElemType 型(也就是 Student 类型)数据的空间(下标为 0 的单元用来存放哨兵),然后将查找表 ST 的初始长度 length 设置为 0。InitList()函数的定义如下:

```
void InitList(SSTable &ST)
{
    //分配内存单元,下标为 0 的位置放哨兵
    ST.R = (ElemType *)malloc((MAXSIZE+1) * sizeof(ElemType));
    if(!ST.R)
        exit(0);
    ST.length=0;
}
```

接着设计函数 CreateSSTable(SSTable &ST,int n)建立长度为 *n* 的查找表 ST,输入 *n* 个学生信息存入查找表 ST 中,将查找表当前长度 length 设置为 *n*。在定义该函数之前定义函数 InputOneStu(ElemType &stu)用来输入一个学生信息。InputOneStu()函数定义如下:

```
void InputOneStu(ElemType &stu)
{
    fflush(stdin);                  //清空输入缓冲区
    printf("学号:");
    gets(stu.No);
    fflush(stdin);
    printf("姓名:");
    fflush(stdin);
    gets(stu.name);
    printf("性别: ");
    scanf("%c",&stu.sex);
    printf("大学英语成绩: ");
    scanf("%d",&stu.english);
    printf("高等数学成绩: ");
    scanf("%d",&stu.math);
}
```

在 CreateSSTable()函数中循环 *n* 次调用函数 InputOneStu()用来输入 *n* 个学生信息,CreateSSTable()函数定义如下:

```
void CreateSSTable(SSTable &ST,int n)
{
    int i;
    printf("输入%d个学生信息: \n",n);
    for(i = 1; i <= n; i++)
    {
        InputOneStu(ST.R[i]);
    }
    ST.length = n;
}
```

设计查找函数 Search_Seq(SSTable ST, char * stdNo),在查找表 ST 中查找学号等于 stdNo 的元素,找到则返回该元素的序号,否则返回 0。Search_Seq()函数定义如下:

```
int Search_Seq(SSTable &ST,char * stdNo)
{
```

```
        int i;
        strcpy(ST.R[0].No,stdNo);        //设置哨兵
        for(i=ST.length; strcmp(ST.R[i].No,stdNo)!= 0; i--);
        return i;
    }
```

定义函数 PrintStuInfo(Student stu)实现输出一个学生的信息。函数 PrintStuInfo()
定义如下:

```
    void PrintStuInfo(Student stu)
    {
        printf("学号: %s\n",stu.No);
        printf("姓名: %s\n",stu.name);
        printf("性别: %c\n",stu.sex);
        printf("大学英语成绩: %d\n",stu.english);
        printf("高等数学成绩: %d\n",stu.math);
    }
```

在 main()函数中定义查找表 L,然后调用 InitList()函数对查找表 L 进行初始化,接着
调用 CreateSSTable()函数将 n 个学生信息存入查找表中,输入待查找的学号存入 stdNo
字符数组中,调用 Search_Seq()函数在 L 中查找学号等于 stdNo 的学生,并返回其下标。
如果返回值不等于 0,表示该学号的学生存在,则输出该学生的所有信息。如果等于 0,表示
该学号的学生不存在。

```
    #include <stdio.h>
    #include <stdlib.h>
    #include <string.h>
    #define MAXSIZE 100
    //在 main()之前加入类型定义和函数定义
    int main()
    {
        int m,stdPos;
        char stdNo[8];
        SSTable L;
        InitList(L);
        printf("---------顺序查找---------\n");
        printf("请输入顺序表的长度:");
        scanf("%d",&m);
        CreateSSTable(L,m);
        printf("请输入需要查找的学生学号: ");
        fflush(stdin);
        scanf("%s",stdNo);
        stdPos = Search_Seq(L,stdNo);
        if(stdPos != 0)
        {
            printf("存在学号为%s 的学生,该学生信息如下\n",stdNo);
            PrintStuInfo(L.R[stdPos]);
        }
        else
```

```
    {
        printf("不存在学号为%s的学生！\n",stdNo);
    }
    return 0;
}
```

3. 算法分析

按值查找操作时间主要耗费在比较元素上,而比较的次数取决于被查元素在表中的位置,平均比较次数为$(n+1)/2$,时间复杂度为$O(n)$。通过设置监视哨,当顺序表长度大于1000 时,进行一次查找所需的平均时间比普通算法的时间大约减少一半。

范例 2　二分查找(递归算法)

假设范例 1 中的顺序表已按照学号递增有序,利用二分查找方法在该顺序表中查找与给定学号相等的学生信息,并输出该学生的所有信息。

1. 问题分析

能使用二分查找的前提是待查找表是有序的,而且是顺序存储方式。在任务 1 所建的查找表基础上用二分查找查找,要求在建立查找表时按学号从小到大的顺序输入学生信息。二分查找是从表的中间元素开始查找,如果给定值和中间元素的关键字值相等,则查找成功;如果给定值大于或小于中间元素的关键字值,则在表中大于或小于中间元素的那一半中查找,重复操作,直到找到或者在某步中查找区间为空,则查找失败。

假设待查找表 ST 中元素的起止元素下标为 low 和 high,查找关键字值为 key 的元素的步骤为:

(1) 判断 low 是否大于 high,是则返回-1,查找结束;

(2) 否则,计算中间元素的下标 mid,mid$=$(low$+$high)/2,将下标为 mid 的元素的关键字值和 key 进行比较:

① 如果 key 和下标为 mid 的元素关键字的值相等,返回 mid;

② 如果 key 小于下标为 mid 的元素关键字的值,则在下标为 low 和 mid-1之间的元素中继续查找;

③ 如果 key 大于下标为 mid 的元素关键字的值,则在下标为 mid$+1$和 high 之间的元素中继续查找。

本案例中需要查找和给定学号相同的学生信息,所以 key 为学号,学号为字符数组,在比较时需要用调用库函数 strcmp 实现。

2. 算法描述

首先需建立一个递增有序的查找表 ST,可以利用函数 CreateSSTable(SSTable &ST, int n)建立长度为 n 的查找表 ST,在输入学生信息时按照学号从小到大的顺序输入。接着设计递归函数 Search_Bin(SSTable ST,char * stdNo,int low,int high),在查找表 ST 中下标为 low 到 high 之间的元素中查找学号等于 stdNo 的元素。找到则返回该元素序号,否则返回 0。函数的定义如下:

```
int Search_Bin_Recur(SSTable ST, char * stdNo, int low, int high)
{
    int mid;
    if(low > high)                        //查找表找完
```

```
        return 0;
    mid = (low+high)/2;                    //计算中间元素的位置
    int cmpResult = strcmp(stdNo,ST.R[mid].No);
    if(cmpResult == 0)
        return mid;                        //找到,返回该元素的位置
    else if(cmpResult < 0)
        //在下标为[low,mid-1]的元素中继续查找
        return Search_Bin_Recur(ST,stdNo,low,mid-1);
    else
        //在下标为[mid+1,high]的元素中继续查找
        return Search_Bin_Recur(ST,stdNo,mid+1,high);
}
```

在 main()函数中定义查找表 L,调用 InitList()函数对查找表 L 进行初始化,接着调用 CreateSSTable()函数将 *n* 个学生信息输入到查找表中,输入待查找学号 stdNo,调用 Search_Bin_Recur()函数在 L 中查找学号为 stdNo 的元素的位置,如果该学生存在,则调用 PrintStuInfo()输出该学生信息。该过程和范例 1 的过程相同,只需将查找函数改成二分查 找函数 Search_Bin_Recur()即可。

```
#include <stdio.h>
#include <stdlib.h>
#include <string.h>
#define MAXSIZE 100
//在 main()之前加入类型定义和函数定义
int main()
{
    int m,stdPos;
    char stdNo[8];
    SSTable L;
    InitList(L);
    printf("---------顺序查找---------\n");
    printf("请输入顺序表的长度:");
    scanf("%d",&m);
    CreateSSTable(L,m);
    printf("请输入需要查找的学生学号: ");
    fflush(stdin);
    scanf("%s",stdNo);
    stdPos = Search_Bin_Recur(L,stdNo,1,L.length);
    if(stdPos != 0)
    {
        printf("存在学号为%s 的学生,该学生信息如下\n",stdNo);
        PrintStuInfo(L.R[stdPos]);
    }
    else
    {
        printf("不存在学号为%s 的学生! \n",stdNo);
    }
    return 0;
}
```

3. 算法分析

二分查找算法利用了查找表的有序特性，每次都将查找区间缩小一半。在最理想的情况下，每进行一次比较，问题规模减半。因此，对于包含 n 个元素的查找表，最多需要 $\log_2 n$ 次比较就能找到目标值或者确定目标值不存在，所以二分查找的时间复杂度为 $O(\log n)$。

在二分查找的递归算法中，递归深度等于最大的比较次数，即 $\log_2 n + 1$（加 1 是因为当元素数量为 1 时仍然需要一次递归调用）。因此，二分查找递归算法的空间复杂度为 $O(\log n)$，因为递归调用过程中会占用递归栈，每个递归层级通常需要常量级别的额外空间来保存局部变量和返回地址。

7.4 实验任务

任务 1：二分查找（非递归算法）。

实现范例 2 中二分查找的非递归算法。

任务 2：二叉排序树。

编程实现如下功能：

(1) 按照输入的 n 个关键字序列顺序建立二叉排序树，二叉排序树采用二叉链表的存储结构。

(2) 输入待查找记录的关键字值 key，然后在二叉排序树上查找该记录，如果在二叉排序树中存在该记录，则显示"找到"的信息，否则显示"找不到"的信息。

(3) 输入待插入记录的关键字值 key，然后在二叉排序树上查找该记录，如果查找失败，则在二叉排序树中插入该记录对应的结点，并输出插入操作后的二叉排序树（以某种遍历序列表示）。

(4) 输入待删除记录的关键字值 key，然后在二叉排序树上查找该记录，如果查找成功，则在二叉排序树中删除该记录对应的结点，并输出删除操作后的二叉排序树（以某种遍历序列表示）。

假设二叉排序树中元素的关键字值类型为 int。

任务 3：分块查找（选做）。

编程实现分块查找，有如下功能。

(1) 建立索引查找表；

(2) 利用索引查找确定给定记录在索引查找表中的块号和在块中的位置。

索引查找表由索引表和块表两部分构成，其中索引表存储的是各块记录中的最大关键字值和各块的起始存储地址，采用顺序存储结构，各块的起始存储地址的初始值置为空指针；而块表中存储的是查找表中的所有记录并且按块有序，采用链式存储或顺序存储结构，在此用链式存储结构。

7.5 任务提示

1. 任务 1 提示

二分查找的递归算法和非递归算法逻辑上基本是一致的，都是通过不断缩小搜索范围来查找目标值。二分查找的递归算法是通过函数自身调用来逐步缩小搜索范围，而非递归算法是通过循环结构迭代地更新搜索范围。非递归算法伪代码描述如下：

```
//非递归算法伪代码描述
int Search_Bin(SSTable L, char * stdNo)
{
    //若找到,则函数值为该元素在表中的位置,否则为 0
    low=1;
    high=L.length;
    while(low<=high)
    {
        mid=(low+high)/2;
        cmpResult = strcmp(stdNo,L.R[mid].No);
        if(cmpResult == 0) return mid;
        else if(cmpResult < 0) high=mid-1;    //在前面的子表中查找
        else low=mid+1;                       //在后面的子表中查找
    }
    return 0;                                  //查找失败
}
```

2. 任务 2 提示

（1）二叉排序树查找操作。

对于给定的待查找记录的关键字值 key，在二叉排序树非空的情况下，先将给定的值 key 与二叉排序树的根结点的关键字值进行比较，如果相等，则查找成功，函数返回指向根结点的指针，否则，如果给定的值 key 小于根结点的关键字值，则在二叉排序树的左子树上继续查找；如果给定的值 key 大于根结点的关键字值，则在二叉排序树的右子树上继续查找，直到查找成功，返回结点的地址。如果子树为空即查找失败，则返回空指针。

```
BSTree SearchBST(BSTree T,KeyType key)
{
    if((!T) || key==T->data.key)
        return T;
    else if(key<T->data.key)
        return SearchBST(T->lchild,key);        //在左子树中继续查找
    else
        return SearchBST(T->rchild,key);        //在右子树中继续查找
}
```

（2）二叉排序树的插入操作。

如果已知二叉排序树是空树，则插入的结点成为二叉排序树的根结点；如果待插入结点的关键字值小于根结点的关键字值，则插入左子树中；如果待插入结点的关键字值大于根结点的关键字值，则插入右子树中。

```
void InsertBST(BSTree &T, KeyType e)
{
    if(!T){
        //找到插入位置,递归结束
```

```
            S = (BSTNode *)malloc(sizeof(BSTNode));    //生成新结点 S
            S -> data = e;
            S ->lchild = S -> rchild = NULL;
            T = S;                                      //把新结点 S 链接到插入位置
        }
        else if(key < T -> data.key)
            InsertBST(T->lchild, key);                  //将 key 插入左子树中
        else if(key > T -> data.key)
            InsertBST(T->rchild, key);                  //将 key 插入右子树中
    }
```

（3）二叉排序树的建立。

从空的二叉排序树开始，每输入一个结点，经过查找操作，将新结点插入当前二叉排序树的合适位置。

```
void CreateBST(BSTree &T) {
    //依次读入一个关键字为 e 的结点,将此结点插入二叉排序树 T 中
    T = NULL;                                           //将二叉排序树 T 初始化为空树
    cin >> e;                                           //输入待插入结点关键字的值
    while(e !=  ENDFLAG) {                               //ENDFLAG 为自定义常量
            InsertBST(T,e);                             //将此结点插入二叉排序树 T 中
            cin >> e;
    }
}
```

（4）二叉排序树的删除操作。

在二叉排序树中删除结点，需分三种情况处理：若待删除的结点是叶子结点，则只要将其双亲结点中相应指针域的值改为"空"；若待删除的结点只有左子树或者只有右子树，则只要将其双亲结点的相应指针域的值改为"指向待删结点的左子树或右子树"；若待删除的结点既有左子树又有右子树，则以其中序遍历序列下的前驱结点替代待删结点 p，然后再删除该前驱结点。

```
void BSTdelete(BSTree &T, KeyType key)
{
    p = T;
    f = NULL;
    while(p)
    {
        if(p->data.key == key) break;                   //找到等于 key 的结点 p
        f = p;                                          //f 为 p 的双亲
        if(p->data.key >key) p = p->lchild;             //在 p 的左子树中继续查找
        else p = p->rchild;                             //在 p 的右子树中继续查找
    }
    if(!p) return;                                      //元素不存在
    q = p;
    if((p->lchild)&&(p->rchild) )                       //待删结点左右子树都不为空
    {
```

```
            s = p->lchild;
            //找到被删结点 p 在中序遍历序列中的前驱结点
            while (s->rchild)
            {
                q = s;                              //记下 s 的双亲结点
                s = s->rchild;                      //一直向右
            }
            p->data = s->data;                      //s 为被删结点的前驱
            if(q! = p) q->rchild = s->lchild;
            else q->lchild = s->lchild;
            delete s;
            return;
        }
        else if(p->rchild == NULL)                  //待删结点无右子树
        {
            p = p->lchild;
        }
        else                                        //待删结点无左子树
        {
            p = p->rchild;
        }
        if(!f)   T = p;
        else if(q == f->lchild) f->lchild = p;
        else f->rchild = p;
        delete q;
    }
```

3. 任务 3 提示

分块查找(blocking search)又称为索引顺序查找,是二分查找和顺序查找的一种改进方法,性能介于两者之间。分块查找的前提是线性表可分解成若干块,每块中的元素之间是无序的,但块与块之间必须有序。假设是按关键码值非递减的,块与块之间有序是指对于任意的块 i,第 i 块中的所有元素的关键码值都必须小于第 $i+1$ 块中的所有节点的关键码值。还需建立一个索引表,把每块中的最大关键码值作为索引表的关键码值,按块的顺序存放到一个辅助数组中,这个辅助数组是按关键码值非递减排序的。查找时,首先在索引表中进行查找,确定要找的元素所在的块,如图 7-1 所示。由于索引表是排序的,因此,对索引表的查找可以采用顺序查找或二分查找;然后,在相应的块中采用顺序查找,即可找到对应的结点。如图 7-1 所示,表中有 15 个记录,分成 3 块,每个块建立一个索引项,每个索引项包括两个部分:关键字(块内最大关键字)和指针项(块内第一个元素的位置)。

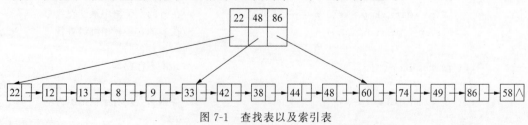

图 7-1 查找表以及索引表

分块查找的过程分为两步：

第一步，在索引表中确定待查找记录所在的块。由于块间有序，即索引表中的元素是有序的，故可以采用二分查找或顺序查找索引表。

第二步，在块内顺序查找该待查记录。由于块内无序，故只能采用顺序查找。

存储结构的定义如下：

```
//数据元素的类型
typedef struct
{
    KeyType key;                    //关键字
    InforType otherInfo;            //其他信息
}ElemType;
//链表的定义
typedef struct LNode
{
    ElemType data;
    struct LNode * next;
}LNode;
//索引表的定义
typedef struct
{
    KeyType maxKey;                 //关键字
    LNode * firstKey;               //指针域,指向块的第一个元素
}IndexItem;


typedef struct
{
    IndexItem elem[INDEXLEN];       //索引表首地址
    int length;
}IndexTable;
```

利用分块查找，在 indexT 表中查找关键字值等于 key 的元素的块号和块内位置的伪代码描述如下：

```
LNode * BlockingSearch (IndexTable indexT, KeyType key, int &blockID, int
&inBlockID)
{ //blockID为所在块号,inBlockID为块内的位置,返回该元素的地址
    //先在索引表中找 key 所在块
    blockID = indexT.length;
    for( i = 0; i < indexT.length; i++)
    {
        //将关键字和索引表中元素的最大关键字进行比较
        if(key <= indexT.elem[i].maxKey.key)
        {
            blockID = i;
            break;
```

```
        }
    }
    //未找到对应的块,则返回空
    if(blockID == indexT.length)
        return NULL;
    //在对应块内进行顺序查找
    p = indexT.elem[blockID].firstKey;          //p开始指向块的第一个元素
    cnt = 0;                                    //计数器,待查找关键字在块内的位置
    flag = 0;
    while(p != NULL)
    {
        if(p != indexT.elem[blockID+1].firstKey)
        { //块内元素还未比较完
            cnt ++;
            if(p->data.key == key)
            { //找到
                flag = 1;
                break;
            }
            p= p->next;
        }
        else
        { //块内元素都比较完
            break;
        }
    }
    //找到,则返回地址,否则返回空
    if(flag == 1)
    {
        inBlockID = cnt;
        return p;
    }
    else
        return NULL;
}
```

第8章 排　序

排序是计算机程序设计中一种重要的操作,在很多领域中都有广泛的应用。例如文件系统管理中可能会根据文件创建日期、大小、名称等属性对目录下文件进行排序,方便用户浏览和检索;在数据分析或机器学习项目中,常常需要对数据集进行排序以便于观察数据分布特征;搜索引擎在返回搜索结果时,通常会对网页的相关性和重要性进行排序等等。

8.1　知　识　简　介

8.1.1　排序的基本概念

排序是按照关键字的递减或递增顺序对一组记录重新排列的操作。当排序记录中的关键字 K_i 都不相同时,则任何一个记录的无序序列经排序后得到的结果唯一;反之,当待排序的序列中存在两个或两个以上关键字相等的记录时,则排序所得的结果不唯一。假设 $K_i \neq K_j (1 \leqslant i \leqslant n, 1 \leqslant j \leqslant n, i \neq j)$,且排序前的序列中 R_i 领先于 R_j(即 $i<j$)。若排序后的序列中 R_i 仍领先于 R_j,则称所用的排序方法是稳定的;反之,若排序后的序列中 R_j 可能领先于 R_i,则称所用的排序方法是不稳定的。

根据在排序过程中记录所占用的存储设备不同,可将排序方法分为内部排序和外部排序。本实验掌握内部排序。内部排序的过程是一个逐步扩大记录的有序序列长度的过程。根据逐步扩大记录有序序列长度的原则不同,内部排序可分为插入类、交换类、选择类、归并类和分配类。插入类排序主要有直接插入排序、折半插入排序、希尔排序。交换类排序主要有冒泡排序和快速排序。选择类排序主要有简单选择排序、树型选择排序和堆排序。最常见的归并类排序是2路归并排序。基数排序是主要的分配类排序方法。

8.1.2　待排序记录的存储方式

待排序记录的主要存储方式有以下3种:

(1) 顺序表,记录之间的次序关系由其存储位置决定,排序时需要移动记录。

(2) 链表,记录之间的次序关系由指针表示,排序时不需要移动记录,只需修改指针。

(3) 将待排序记录存储在一组地址连续的存储单元中,同时另设一个指示各个记录存储位置的地址向量,在排序过程中不移动记录本身,而是移动地址向量中的地址。

本次实验主要掌握直接插入排序、希尔排序、直接选择排序、冒泡排序、快速排序和2路归并排序。采用顺序表存储方式存储待排序表,顺序表定义如下:

```
#define MAXLEN  30          //空间的最大长度
typedef struct
{
    //顺序表中存放元素的数组,0号单元不存储数据
    ElemType R[MAXLEN+1];
```

```
    int length;              //顺序表的长度,即元素个数
}SqList;                     //顺序表的类型
```

ElemType 为数据元素的类型,在不同的问题中数据元素的类型不同,具体类型根据问题而定。

8.2 实 验 目 的

通过本章的实验,更深入理解各种排序算法的原理和实现过程,通过直观地分析不同算法的效率,能够根据实际需求选择最合适的排序方法,同时提升编程能力与实践技巧。

8.3 实 验 范 例

视频讲解

范例 1 已知 n 个学生的信息,每个学生的信息由姓名和分数组成,要求用直接插入排序将学生按分数从高到低排序

1. 问题分析

首先需要定义顺序表 L,表中各元素(也就是记录)包括 2 部分:姓名和分数,需定义结构体类型表示元素类型,结构体成员有 2 个,假设用 score 存储分数,为 int 类型,name 存储姓名,为 char 数组。然后输入 n 个学生的姓名和分数,存入顺序表 L 中,将顺序表的长度 length 赋值 n。接着利用直接插入排序按照分数从高到低排序。

直接插入排序的基本步骤:设第一个元素就是一个有序序列,循环 $n-1$ 次,每次使用顺序查找法,查找第 i 个($i = 2, \cdots, n$)元素在已排好序的序列中(前 $i-1$ 个元素)的插入位置,然后将第 i 个元素插入长度为 $i-1$ 的有序序列中,直到将第 n 个元素插入长度为 $n-1$ 的有序序列中,最后得到一个长度为 n 的有序序列。

2. 算法描述

根据上述分析,顺序表类型定义如下:

```
#define MAXLEN   30          //顺序表的最大长度
typedef struct{
    int score;
    char name[20];
}ElemType;                   //数据元素类型
typedef struct
{
    //顺序表中存放元素的数组,0 号单元不存储数据
    ElemType R[MAXLEN+1];
    int length;              //顺序表的长度,即元素个数
}SqList;                     //顺序表的类型
```

顺序表类型定义完成后,接着设计函数 createSqList(SqList &L, int n)建立长度为 n 的待排序顺序表 L,输入 n 个学生的信息存入顺序表 L 的 R 数组中,将当前长度 length 设置为 n。createSqList(SqList &L, int n)函数的定义如下:

```
void createSqList(SqList &L, int n)
{
```

```
    int i;
    printf("输入%d个学生信息(姓名,分数): ",n);
    for(i = 1; i <= n; i++)
    {
        fflush(stdin);
        gets(L.R[i].name);
        scanf("%d",&L.R[i].score);            //输入各元素
    }
    L.length = n;                             //设置当前长度
}
```

设计直接插入排序函数 insertSort(Sqlist &L),将待排序序列中的元素按照分数进行递增排序。insertSort(Sqlist &L)函数的定义如下:

```
void insertSort(SqList &L)
{
    int i,j;
    for(i=2; i<=L.length; ++i)
        if(L.R[i].score > L.R[i-1].score)
        {
            L.R[0]=L.R[i];                    //index[0]具有监视哨的作用
            for(j=i-1; L.R[0].score > L.R[j].score; --j)
                L.R[j+1]=L.R[j];              //记录后移
            L.R[j+1]=L.R[0];
        }
}
```

为了检验是否按要求排序,在排序后可以将顺序表中的数据输出,需定义 printfInfo(SqList L)函数用来输出顺序表中的值,printfInfo(SqList L)函数的定义如下:

```
void printInfor(SqList L)
{
    int i;
    for(i = 1; i <= L.length; i++)
    {
        printf("%20s%5d\n",L.R[i].name,L.R[i].score);
    }
}
```

在 main()函数中定义顺序表 L,然后调用 createSqList ()函数将 n 个学生信息输入到顺序表中,接着调用 insertSort(Sqlist &L)函数对顺序表中的元素按照分数从高到低进行排序,最后调用 printfInfo(SqList L)函数将排序后的顺序表中的值输出。

```
#include<stdio.h>
//在 main()之前加入类型定义和函数定义
int main()
{
    SqList L;                                 //定义顺序表 L
```

```
    int i;
    createSqList(L,10);                    //建立长度为 10 的顺序表
    insertSort(L);                         //对顺序表 L 进行排序
    printf("after:\n");
    printInfor(L);                         //输出排序后的顺序表
    return 0;
}
```

3. 算法分析

直接插入排序关键字的平均比较次数和移动次数均为 $n^2/4$，因此直接插入排序的时间复杂度为 $O(n^2)$。排序过程中只需要一个记录的辅助空间，所以空间复杂度为 $O(1)$。

范例 2 给出 n 个学生的考试成绩表，每条信息由姓名和分数组成，用快速排序将学生按分数从高到低排序

1. 问题分析

排序序列中的数据元素和范例 1 中的类型相同。

快速排序的过程为：首先在待排序的记录序列 $(r_1, r_2, \cdots, r_n)$ 中选择第一个记录 r_1，以其作为枢轴，经过比较和移动，将所有关键字大于枢轴关键字的记录均移动至该记录之前，反之，将所有关键字小于枢轴关键字的记录均移动至该记录之后。使一次排序之后，枢轴在最后排序结果应该在的位置上，并且将待排序的记录分割成了两个子序列，对这两个子序列继续递归进行快速排序，如此循环，直至每个子序列长度为 1 为止。

一次快速排序的步骤如下。

（1）选择待排序序列中的第一个记录作为枢轴。将枢轴记录暂存在下标为 0 的位置。low 和 high 分别存储待排序表的下界和上界。

（2）从表的右边开始依次向左搜索，找到第一个关键字大于枢轴关键字的记录，将其移到下标为 low 的位置。

（3）从表的左边开始依次向右搜索，找到第一个关键字小于枢轴关键字的记录，将其移到下标为 high 的位置。

（4）重复第（2）步和第（3）步，直到 low 与 high 相等为止。此时 low 或 high 的位置就是枢轴记录的最终位置，排序序列分成了两个字表。

2. 算法描述

本题中顺序表类型的定义和范例 1 相同，同样利用函数 createSqList(SqList &L,int n) 建立长度为 n 的待排序表 L，输入 n 个学生的信息存入待排序表 L 的 R 数组中，将当前长度 length 设置为 n。利用 printfInfo(SqList L) 函数输出排序后顺序表中的值。

设计函数 Partition(SqList &L,int low, int high)，将顺序表 L 下标从 low 到 high 的记录进行一次快速排序，并返回此次枢轴元素的位置，该函数定义如下：

```
int Partition(SqList &L,int low, int high )
{
    //将子表的第一个元素为枢轴,并将关键字值存储在 pivotkey 中
    L.R[0] = L.R[low];
    int pivotScore = L.R[low].score;
    while(low < high)                      //循环直到 low 等于 high
```

```
    {
        while(low < high && L.R[high].score <= pivotScore)
            --high;
        L.R[low] = L.R[high];              //将比枢轴大的记录前移
        while(low < high && L.R[low].score >= pivotScore)
            ++low;
        L.R[high] = L.R[low];              //将比枢轴小的记录后移
    }
    L.R[low]=L.R[0];
    return low;
}
```

设计递归函数 qSort(Sqlist &L, int low, int high) 对顺序表 L 中的元素按照分数进行非递增排序。qSort(Sqlist &L, int low, int high) 函数的定义如下：

```
void qSort(SqList &L, int low, int high)
{
    if(low < high)                         //待排序序列长度大于 1
    {
        //对序列进行一趟排序,确定枢轴的位置 pivotloc
        int pivotloc = Partition(L, low, high);
        qSort(L, low, pivotloc-1);         //对左边的子表进行排序
        qSort(L, pivotloc+1, high);        //对右边的子表进行排序
    }
}
```

在 main() 函数中定义顺序表 L,然后调用 createSqList() 函数将 n 个学生信息输入到顺序表中,接着调用 qSort(Sqlist L) 函数对顺序表中的元素按照分数从高到低进行排序,最后调用 printfInfo(SqList L) 函数将排序后的顺序表中的值输出。

```
#include<stdio.h>
//在 main() 之前加入类型定义和函数定义
int main()
{
    SqList L;                              //定义顺序表 L
    int i;
    createSqList(L,10);                    //建立长度为 10 的顺序表
    qSort(L);                              //对顺序表 L 进行排序
    printf("after:\n");
    printInfor(L);                         //输出排序后的顺序表
    return 0;
}
```

3. 算法分析

快速排序的平均时间复杂度为 $O(n\log_2 n)$。快速排序是递归的,最大递归调用次数与递归树的深度一致,最好情况下的空间复杂度为 $O(\log_2 n)$,最坏情况下为 $O(n)$。

8.4 实 验 任 务

任务 1：建立顺序表，输入 n 个学生的姓名和成绩，将该顺序表作为待排序序列，利用直接选择排序将待排序序列按成绩从高到低进行排序，输出排序后的结果，并分析算法的时间和空间复杂度。

任务 2：建立顺序表，输入 n 个学生的姓名和成绩，将该顺序表作为待排序序列，利用希尔排序将待排序序列按成绩从高到低进行排序，输出排序后的结果，并分析算法的时间和空间复杂度。

任务 3：建立顺序表，输入 n 个学生的姓名和成绩，将该顺序表作为待排序序列，利用 2 路归并排序将待排序序列按成绩从高到低进行排序，输出排序后的结果，并分析算法的时间和空间复杂度。

8.5 任 务 提 示

均采用顺序表存储方式，因此记录的类型和范例中的类型一致，创建顺序表函数和输出顺序表函数的定义是相同的。

1. 任务 1 提示
直接选择排序的过程是从待排序的记录中选出关键字值最大的记录，按顺序放在已排序的记录序列的后面，直到全部排序完为止。

```
void  selectsort(Sqlist &L)              //直接选择排序
{
    //在下标为 i 到 L.length 的元素中选择关键字值最大的记录
    for(i = 1; i <= L.length-1; ++i)
    {
        k = i;
        for(j = i+1; j <= L.length; ++j)
            if(L.R[j].score > L.R[k]. score)
                k=j;                 //k 始终"指向"关键字最大的记录
        if(k != i)
        {
            temp = L.R[i];
            L.R[i] = L.R[k];
            L.R[k] = temp;
        }
    }
}
```

2. 任务 2 提示
希尔排序实质上是采用分组插入的方法排序。具体做法为：将记录序列分成若干子序列，分别对每个子序列进行插入排序，待整个序列中的记录"基本有序"时，再对全体记录进行一次直接插入排序。具体做法是：先将 n 个记录分成 $d(d < n)$ 个子序列：$\{r[1]$，

$r[1+d], r[1+2d], \cdots, r[1+kd]\}; \{r[2], r[2+d], r[2+2d], \cdots, r[2+kd]\}; \cdots; \{r[d],$
$r[2d], r[3d], \cdots, r[kd], r[(k+1)d]\}$。其中，$d$ 称为增量，它的值在排序过程中从大到小
逐渐缩小，一般情况下，第一个增量 d_1 取值为 $n/2$，然后依次取 $d_i = d_{i-1}/2$，直至取值为 1，
因此，希尔排序也叫"缩小增量排序"。然后对每组进行直接插入排序，再对每个增量重复上
述过程，直到增量为 1，最后对全体记录再做一次直接插入排序。

```
void shellSort ( SqList &L )
{
    d = L.length/2;                            //增量赋初始值
    while(d > 0)
    {
        for ( i = 1+d; i <= L.length; i ++)
            if( L.R[i]. score < L. R[i-d]. score)
            {
                L. R[0] = L. R[i];                //暂存在 R[0]
                for (j = i-d; j > 0&&(L. R[0]. score > L. R[j]. score); j -= d)
                    L. R[j+d] = L. R[j];          //记录后移，查找插入位置
                L. R[j+d] = L. R[0];              //插入
            }
        d = d/2;                                //增量递减
    }
}
```

3. 任务 3 提示

2 路归并排序是将两个有序子序列"归并"为一个有序序列。具体做法是：先将 n 个
待排序记录看成是 n 个长度为 1 的有序子表，将相邻的有序子表进行两两归并，得到 $[n/2]$
个有序表，再将 $[n/2]$ 个有序子表两两归并，如此重复，直到最后得到一个长度为 n 的有序
表为止。

```
void merge(ElemType r[], ElemType r1[], int s, int m, int t)
//将两个相邻的有序子表 r[s...m]和 r[m+1...t]进行归并形成一个有序表 r1
{
    i = s;
    j = m+1;
    k = s;
    /* i,j 分别指示两个有序子表中待比较的记录位置,i 的取值范围是 s 到 m, j 的取值范围是
       m+1 到 t, k 指示归并过程中 r1 的记录位置 */
    while(i <= m&&j <= t)
        /* 下面对两个有序子表的记录逐个进行比较,将关键字大的插入归并后的有序表中 */
        if(r[i].score > r[j].score)
            r1[k++] = r[i++];
        else
            r1[k++] = r[j++];
    while(i <= m)                          //将前一子表的剩余部分复制到 r1
        r1[k++] = r[i++];
    while(j<=t)                            //将后一子表的剩余部分复制到 r1
        r1[k++] = r[j++];
```

```
}
void mergePass(ElemType r[], ElemType r1[],int n,int length)
/* 对记录序列 r 做一趟归并排序,将 r 中长度为 n 的有序部分两两归并,归并结果用 r1 保存 */
{
    i = 1;
    while(i+2 * n-1 < length)
    {
        merge(r,r1,i,i+n-1,i+2 * n-1);  //两个相邻的有序子表归并
        i = i+2 * n;                    //i 指向下一个待归并的有序子表的起始位置
    }
    if(i+n-1 < length)
        //一个长度为 n 的有序子表与一个长度小于 n 有序子表合并
        merge(r,r1,i,i+n-1,length);
    else    //只剩下一个长度不大于 n 的有序子表,将其复制到 r1 中
        for(j = i; j <= length; j++)
            r1[j] = r[j];
}
void mergeSort(SqList &L)
//对顺序表 L 做 2 路归并排序
{
    n = 1;                             //有序子表的长度从 1 开始
    ElemType r1[MAXLEN+1];             //暂存归并排序过程的中间结果
    while(n < L.length)
    {
        //对 L 执行一趟归并排序,结果存入 r1 中
        mergePass(L.R,r1,n,L.length);
        n=2 * n;                       //有序子表的长度扩大一倍
        //对 r1 执行一趟归并排序,结果存入 L 中
        mergePass(r1,L.R,n,L.length);
        n=2 * n;                       //有序子表的长度扩大一倍
    }
}
```

第 9 章 贪 心 算 法

贪心算法(greedy algorithm),又称贪婪算法,是指在对问题求解时,总是做出在当前看来最好的选择。也就是说贪心算法并不从整体最优考虑,它所作出的选择只是局部最优选择。虽然贪心算法不能使所有问题都得到整体最优解,但对许多问题它可以得到,例如本课程中的哈夫曼算法、单源最短路径问题(Dijkstra 算法)、最小生成树问题(Prim 算法和Kruskal 算法)等。

9.1 知 识 简 介

9.1.1 贪心算法的基本要素

可以用贪心策略解决的问题一般具有两个重要的性质:贪心选择性质和最优子结构性质。

(1) 贪心选择性质是指所求问题的整体最优解可以通过一系列局部最优的选择,即贪心选择来达到。这是贪心算法可行的第一个基本要素,也是贪心算法与动态规划算法的主要区别。贪心算法通常以自顶向下的方式进行,以迭代的方式作出相继的贪心选择,每作一次贪心选择就将所求问题简化为规模更小的子问题。对于一个具体问题,要确定它具有贪心选择性质,必须证明每一步所作的贪心选择均可最终导致问题的整体最优解。

(2) 最优子结构性质是指一个问题的最优解包含子问题的最优解。这个性质是判断问题能用贪心算法还是动态规划算法求解的关键特征。

9.1.2 贪心算法的步骤

贪心算法的一般步骤如下:

(1) 观察问题特征,构造贪心选择;

(2) 证明策略正确性。

算法正确性一般用归纳法证明,归纳证明步骤如下:

(1) 叙述一个有关自然数 n 的命题,该命题断定贪心策略的执行最终将导致最优解。其中自然数 n 可以代表算法步数或者问题规模。

(2) 证明命题对所有的自然数为真。

贪心算法适用于组合优化问题,利用贪心算法解决问题时算法简单,时间和空间复杂度低。

9.2 实 验 目 的

通过解决活动选择问题、最优装载问题、最小延时调度问题等经典贪心问题,加深对贪心算法的理解和提高应用能力。通过编程实现贪心算法,培养算法设计和调试技能,积累解决实际问题的经验。通过实践操作使学生深入掌握贪心策略及其在解决实际问题中的应用,培养严谨的逻辑思维能力和高效的问题解决技巧。

9.3 实 验 范 例

视频讲解

范例1 活动选择问题

1. 问题描述

设有 n 个活动的集合 $S=\{1,2,\cdots,n\}$,其中每个活动都需使用同一资源,如演讲会场等,而在同一时间内只有一个活动能使用这一资源。每个活动 i 都有一个要求使用该资源的开始时间 s_i 和一个结束时间 f_i,且 $s_i < f_i$。如果选择了活动 i,则它在时间区间 $[s_i,f_i]$ 内占用资源。若区间 $[s_i,f_i]$ 与区间 $[s_j,f_j]$ 不相交,则称活动 i 与活动 j 是相容的。也就是说,当 $s_i \geqslant f_j$ 或者 $s_j \geqslant f_i$ 时,活动 i 与活动 j 相容。活动选择问题即在所给活动集合中选出最大的两两相容的活动集 A。

如有 10 个活动的集合 $S=\{1,2,3,4,5,6,7,8,9,10\}$,每个活动的开始时间和结束时间如表 9-1 所示。

表 9-1   10 个活动的开始时间和结束时间

i	1	2	3	4	5	6	7	8	9	10
s_i	1	3	2	5	4	5	6	8	8	3
f_i	4	5	5	8	9	9	11	11	12	13

该案例的最优解 $A=\{1,4,8\}$。

该问题的形式化描述如下:

给定 n 个活动组成的集合 $S=\{a_1,a_2,\cdots,a_n\}$,以及每个活动 a_i 的开始时间 s_i 和结束时间 f_i,找出活动集 S 的子集 A,令其活动数最大。

约束条件为,对于任意的 a_i,a_j,满足 $s_i \geqslant f_j$ 或 $s_j \geqslant f_i$。

2. 构造贪心选择

贪心算法的计算过程是多步的判断过程,每一步判断依据某种"短视"的策略(只看眼前)进行活动选择,选择时注意满足相容性条件。此问题可能的贪心选择有开始时间早的活动优先选择、占用时间少的活动优先选择、结束时间早的活动优先选择。

(1)策略1:开始时间早的活动优先。

排序使得 $s_1 \leqslant s_2 \leqslant \cdots \leqslant s_n$,从前向后挑选。这种策略并不能得到最优解,例如有 3 个活动,各活动的开始时间和结束时间如表 9-2 所示。

表 9-2   3 个活动的开始时间和结束时间

i	1	2	3
s_i	0	2	8
f_i	20	5	15

如图 9-1 所示,如果按照此策略,应该先选择活动 1,活动 2、活动 3 都与活动 1 不相容,

所以得到的结果是 $A=\{1\}$。从图上可以看出此结果不是最优的,最优的结果应该是 $A=\{2,3\}$。

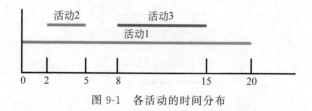

图 9-1　各活动的时间分布

（2）策略 2：占用时间少的活动优先。

排序使得 $f_1-s_1 \leqslant f_2-s_2 \leqslant \cdots \leqslant f_n-s_n$，从前向后挑选。这种策略也不一定得到最优解,例如有 3 个活动,各活动的开始时间和结束时间如表 9-3 所示。

表 9-3　3 个活动的开始时间和结束时间

i	1	2	3
s_i	0	7	8
f_i	8	9	15

如图 9-2 所示,如果按照活动时间最短优先选择,则应先选择活动 2,活动 1、活动 3 都与活动 2 不相容,所以得到的结果是 $A=\{2\}$。从图可以看出此结果不是最优的,最优的结果应该是 $A=\{1,3\}$。

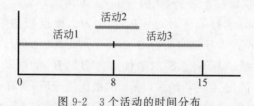

图 9-2　3 个活动的时间分布

（3）策略 3：结束时间早的优先。

排序使得 $f_1 \leqslant f_2 \leqslant \cdots \leqslant f_n$，从前向后挑选。选择最早结束的活动,可以给后面的活动留更大的选择空间。这种方法是可行的。

用图 9-3 表示表 9-1 中 10 个活动的开始时间和结束时间,该问题中最先结束的活动是活动 1,选择活动 1,由于活动 2、活动 3、活动 10 都与活动 1 不相容,排除这些活动。然后在剩下的活动中选择最先结束的活动,即活动 4,由于活动 5、活动 6、活动 7 与活动 4 不相同,排除这些活动。接着在剩下的活动中选择最先结束的活动,即活动 8,由于活动 9 与活动 8 不相同,活动 9 排除。

所以得到的结果 $A=\{$活动 1,活动 4,活动 8$\}$，选择的活动数为 3,是该问题的一个最优解。

3. 证明问题贪心策略的正确性

用归纳法来证明活动选择问题中选择活动结束时间最早策略的正确性。

（1）活动选择算法的命题。

假设算法选择执行到第 k 步,选择了 k 项活动 $i_1=1,i_2,\cdots,i_k$，则存在最优解 A 包含活

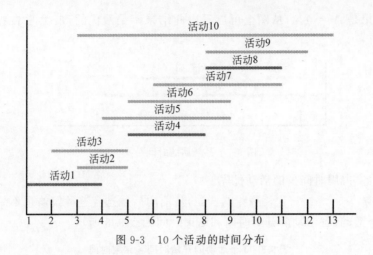

图 9-3　10 个活动的时间分布

动 $i_1 = 1, i_2, \cdots, i_k, k$ 最多到 n。

对于任何 k，算法前 k 步的选择都将导致最优解，至多到第 n 步将得到问题的最优解。

（2）归纳证明。

令 $S = \{1, 2, \cdots, n\}$ 是活动集，且 $f_1 \leqslant f_2 \leqslant \cdots \leqslant f_n$。

① 归纳基础：$k = 1$，证明存在最优解包含活动 1。

任取最优解 A，A 中活动按结束时间递增排列。如果 A 的第一个活动为 j，$j \neq 1$，用 1 替换 A 的活动 j 得到解 A'，即 $A' = (A - \{j\}) \bigcup \{1\}$，由于 $f_1 \leqslant f_j$，A' 也是最优解，且含有 1。

② 归纳步骤：假设命题对 k 为真，证明对 $k+1$ 也为真。

当算法执行到第 k 步，选择了活动 $i_1 = 1, i_2, \cdots, i_k$，根据归纳假设存在最优解 A 包含 $i_1 = 1, i_2, \cdots, i_k$，$A$ 中剩下活动 B 选自集合 S'，$S' = \{i \mid i \in S, s_i \geqslant f_k\}$，$A = \{i_1, i_2, \cdots, i_k\} \bigcup B$，那么 B 一定是 S' 的最优解。若不然，S' 的最优解为 B^*，B^* 的活动比 B 多，那么 $B^* \bigcup \{1, i_2, \cdots, i_k\}$ 是 S 的最优解，且比 A 的活动多，与 A 的最优性矛盾，所有 B 一定是 S' 的最优解。

将 S' 看成子问题，根据归纳基础，存在 S' 的最优解 B' 有 S' 中的第一个活动 i_{k+1}，且 $|B| = |B'|$，于是 $\{i_1, i_2, \cdots, i_k\} \bigcup B' = \{i_1, i_2, \cdots, i_k, i_{k+1}\} \bigcup \{B' - i_{k+1}\}$ 也是原问题的最优解。前面选择了 k 个活动 $\{i_1, i_2, \cdots, i_k\}$ 也是选择的最优的，第 $k+1$ 步选择的 $\{i_1, i_2, \cdots, i_k, i_{k+1}\}$ 也是最优的。

从而证明了该问题中选择活动结束时间最早策略的正确性。

4. 算法描述

n 个活动，每个活动的开始时间 $s[n]$，每个活动的结束时间 $f[n]$，$A[n]$ 表示选择的活动。活动已按照结束时间从小到大排好。

```
void ActivitySelection(int n, TimeType s[], TimeType f[], bool A[])
{
    A[0] = true;              //选择第 1 个活动
    int j = 0;               //记录最后选择的活动
    for(int i=1; i < n; i++)  //从第 2 个活动开始
    {
        if(s[i] >= f[j])      //如果第 i 个活动与之前选择的活动相容
        {
```

```
         A[i] = true;           //选择该活动
         j = i;
      }
      else                      //不相容
         A[i] = false;          //不选择该活动
   }
}
```

5. 算法分析

算法的时间复杂度包括 2 部分,一部分是对 n 个活动按结束时间从小到大排序,排序的时间复杂度为 $O(n\log n)$,另一部分是对 n 个活动进行逐个判断选择,时间复杂度为 $O(n)$。所以算法的时间复杂度为 $O(n\log n)+O(n)$,即 $O(n\log n)$。

9.4　实　验　任　务

任务 1:利用贪心策略求解最优装载问题。

有 n 个集装箱 $1,2,\cdots,n$ 需要装上轮船,集装箱 i 的重量 w_i,轮船装载重量限制为 C,每个集装箱的重量小于 $C(w_i\leqslant C)$,无体积限制,如何装载使得轮船上的集装箱个数最多。

该问题的形式化描述为

对于给定的 n 个集装箱的重量 $\{w_1,w_2,\cdots,w_n\}$ 以及轮船的重量 $C(w_i\leqslant C)$,求

$$\max\sum_{i=1}^{n}x_i$$

约束条件为

$$\sum_{i=1}^{n}w_ix_i\leqslant C$$
$$x_i\in\{0,1\},\quad 1\leqslant i\leqslant n$$

其中,$x_i=0$ 表示不装入集装箱 i,$x_i=1$ 表示装入集装箱 i。

任务 2:利用贪心策略解决最小延迟调度问题。

给定等待服务的客户集合 $A=\{1,2,\cdots,n\}$,各客户的服务时间 $T=(t_1,t_2,\cdots,t_n)$,其中客户 i 的服务时间为 $t_i(t_i>0)$,各客户的期望完成时刻 $D=(d_1,d_2,\cdots,d_n)$,其中客户 i 期望的服务完成时刻为 $d_i(d_i>0)$。一个调度 $f:A->N,f(i)$ 为客户 i 的开始时刻。如果对客户 i 的服务在 d_i 之前结束,那么客户 i 的服务没有延迟,如果在 d_i 之后结束,那么此服务属于延迟,延迟的时间等于该服务的实际完成时刻 $f(i)+t_i$ 减去预期结束时刻 d_i。一个调度 f 的最大延迟是所有客户延迟时长的最大值 $\max\{f(i)+t_i-d_i\}$。要求找出一个调度使得最大延迟最小。

如图 9-4 所示,客户 i 的开始时间为 $f(i)$,结束时间为 $f(i)+t_i$,则该客户的延迟时间为 $f(i)+t_i-d_i$。

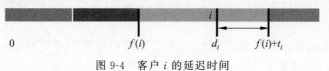

图 9-4　客户 i 的延迟时间

该问题的形式化描述为:

给定有 n 个任务的任务集 A,以及任务的服务时间 $\{t_1, t_2, \cdots, t_n\}$ 和期望完成时刻 $\{d_1, d_2, \cdots, d_n\}$,求最大延迟达到最小的调度,即求 f 使得:

$$\min_f \{\max_{i \in A} \{f(i) + t_i - d_i\}\}$$

9.5 任务提示

1. 任务 1 提示

(1) 构造贪心选择。

此问题采用重量最小优先装载的贪心策略,首先对集装箱按照重量从小到大排序,然后从小的集装箱开始逐个装载到轮船,直到总装载重量超过轮船装载限制的前一个集装箱为止。例如:$C = 30, n = 8, w[8] = \{4, 10, 7, 11, 3, 5, 14, 2\}$。

① 先将集装箱按照重量从小到大排序。

将 $w[8]$ 从小到大排序,$w[8] = \{2, 3, 4, 5, 7, 10, 11, 14\}$。

② 从小的集装箱开始逐个装载到轮船。

先选择第 1 个集装箱,如果装入轮船,则装入重量 tmp $= 2$,tmp $< C$,没有超重,选择该集装箱;

接着选择第 2 个集装箱,如果装入轮船,则装入重量 tmp $= 2 + 3 = 5$,tmp $< C$,没有超重,选择该集装箱;

接着选择第 3 个集装箱,如果装入轮船,则装入重量 tmp $= 2 + 3 + 4 = 9$,tmp $< C$,没有超重,选择该集装箱;

接着选择第 4 个集装箱,如果装入轮船,则装入重量 tmp $= 2 + 3 + 4 + 5 = 14$,tmp $< C$,没有超重,选择该集装箱;

接着选择第 5 个集装箱,如果装入轮船,则装入重量 tmp $= 2 + 3 + 4 + 5 + 7 = 21$,tmp $< C$,没有超重,选择该集装箱;

接着选择第 6 个集装箱,如果装入轮船,则装入重量 tmp $= 2 + 3 + 4 + 5 + 7 + 10 = 31$,tmp $> C$,超重,第 6 个集装箱不选,选择结束。

集装箱最多选择 5 个。

该问题是 0-1 背包问题的子问题,集装箱相当于物品,物品重量是 wi,价值 vi 均为 1,轮船载重限制 C 相当于背包重量限制。

(2) 正确性证明。

① 最优装载问题算法的命题。

对装载问题任何规模为 n 的输入实例,算法能得到最优解。设集装箱重量按从小到大记为 $1, 2, \cdots, n$。

② 归纳证明。

第一步:证明对于任何只含一个箱子的输入实例,贪心法能得到最优解,这显然是正确的。

第二步:假设对于 n 个集装箱的输入,贪心法都可以得到最优解,那么对于 $n+1$ 个集装箱 $\{1, 2, \cdots, n+1\}$,重量为 $\{w_1, w_2, \cdots, w_{n+1}\}$(其中 $w_1 \leqslant w_2 \leqslant \cdots \leqslant w_{n+1}$),装载量为 C,

通过贪心选择也能得到最优解。

由归纳假设,对于 $N' = \{2, 3, \cdots, n+1\}$,$C' = C - w_1$,贪心法得到最优解 I',令 $I = I' \cup \{1\}$。我们可以用反正法来证明 I 是 N 的最优解。

假设 I 不是 N 的最优解,存在包含 1 号集装箱的关于 N 的最优解 I^*(如果 I^* 中没有 1,用 1 替换 I^* 中的第一个元素得到的也是最优解),且 $|I^*| > |I|$,那么 $I^* - \{1\}$ 是 N' 和 C' 的解且 $|I^* - \{1\}| > |I - \{1\}| = |I'|$。这与 I' 是关于 N' 和 C' 的最优解矛盾。即 I 就是关于 N 和 C 的最优解。

(3)算法描述。

```
//n 个集装箱,每个集装箱重量 w[n],轮船能装的最大重量 C,返回能装入的集装箱个数
int Loading(int n, WeightType C,WeightType w[])
{
    //先对集装箱重量从小达到进行排序
    Sort(n,w);
    WeightType tmp = 0;         //已装载到船上的集装箱重量
    int cnt = 0;                //装载到船上的集装箱个数
    for(i = 1; i<= n; i++)
    {
        if(tmp+w[i] <= C)       //装入第 i 个集装箱后的装载重量小于 C
        {
            tmp += w[i];        //选择该集装箱
            cnt++;              //集装箱个数加 1
        }
        else
        {
            break;              //选择结束
        }
    }
    return cnt;
}
```

(4)算法分析。

算法的时间复杂度包括 2 部分,一部分是对 n 个集装箱的重量从小到大排序,排序的时间复杂度为 $O(n\log n)$,另一部分是对 n 个集装箱进行逐个选择,时间复杂度为 $O(n)$。所以算法的时间复杂度为 $O(n\log n) + O(n)$,即 $O(n\log n)$。

2. 任务 2 提示

(1)构造贪心选择。

此问题可能的贪心选择有:按照服务时间从小到大调度、按照客户期望的开始时刻从小到大调度、按照客户期望的完成时刻从小到大调度。

策略 1:按照服务时间 t_i 从小到大调度。

此策略需先将每个客户的服务时间从小到大进行排序。此策略不是对所有实例都能得到最优解。如果某个客户服务时间 t_i 很长,而且其期望完成时刻很早,即 d_i 很小;而其他客户服务时间 t_i 很短,但不着急完成,即 d_i 很大。如果使用此策略,会使那些不着急的客

户先调度,而着急的客户后调度,必然造成长延迟。

如客户集 $A=\{1,2\}$, $T=\{1,10\}$, $D=\{100,10\}$。第 1 个客户的服务时间为 1,其期望完成时间为 100,而第 2 个客户的服务时间为 10,其期望完成时间为 10。按此策略先为第 1 个客户服务,第 1 个客户的服务时间为 1,第 1 个客户实际结束时间为 1。接着为第 2 个客户服务,开始时间为 2,实际结束时间为 11。各客户的延迟时间分别是 0、1。然而如果先为第 2 个客户服务,然后再为第 1 个客户服务,各客户的延迟时间都为 0。比之前的调度顺序更优。

策略 2:按照客户期望的开始时间从小到大调度。

客户期望的开始时间为客户期望的完成时间减去客户的服务时间,即 d_i-t_i。此策略需先将客户期望的开始时间从小到大进行排序。此策略不是对所有实例都能得到最优解。如果某个客户不着急,即 d_i 很大,其服务的时间很长,即 t_i 很大,但两者相减差值很小,该客户会先获得服务,但是该客户会占用大量的时间,导致其他客户得不到服务。如客户集 $A=\{1,2\}$, $T=\{1,10\}$, $D=\{2,10\}$。

客户 2 服务时间为 10,其期望完成时间为 10。两个客户期望的开始时间为 1 和 0,先为第 2 个客户服务,第 2 个客户的服务时间为 10,第 2 个客户实际结束时间为 10。接着为第 1 个客户服务,开始时间为 11,实际结束时间为 11。各客户的延迟时间分别是 0、9。然而如果先为第 1 个客户服务,然后再为第 2 个客户服务,各客户的延迟时间分别为 0、1,比上述策略调度顺序更优。

策略 3:按照客户期望的完成时刻从小到大调度。

按照客户期望的完成时刻从小到大进行调度,这样没有空闲,可以得到最优解。例如有 5 个客户集合 $A=\{1,2,3,4,5\}$,各客户的服务时间 T 和各客户期望的完成时刻 D 如表 9-4 所示。

表 9-4　5 个客户的服务时间和期望完成时刻

i	1	2	3	4	5
T	5	8	4	10	3
D	10	12	15	11	20

先按 D 从小到大进行排序,如表 9-5 所示。

表 9-5　5 个客户按期望完成时刻从小到大排序后的顺序

i	1	4	2	3	5
T	5	10	8	4	3
D	10	11	12	15	20

先为第 1 个客户服务,该客户的实际完成时刻为 5,其延迟时间为 0。

接着为第 4 个客户服务,开始时刻是 5,实际完成时刻是 15,其延迟时间是 4。

接着为第 2 个客户服务,开始时刻是 15,实际完成时刻是 23,其延迟时间是 11。

接着为第 3 个客户服务,开始时刻是 23,实际完成时刻是 27,其延迟时间是 12。

接着为第 5 个客户服务,开始时刻是 27,实际完成时刻是 30,其延迟时间是 10。

各客户的开始时刻和实际完成时刻如图 9-5 所示。

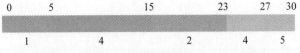

图 9-5　各客户的开始时间和实际完成时间

各任务延迟为：$0,4,11,12,10$，其中最大延迟为 12。

如果按照前两种策略，最大延迟时间分别是 15 和 13，显然策略 3 更优。

（2）正确性证明。

此算法的正确性证明采用交换论证方法，该方法的证明思路如下：

① 首先分析一般最优解与算法解的区别（成分不同或者排列顺序不同，本问题是排列顺序不同）；

② 设计一种转换操作（替换成分或交换次序，本问题是交换次序），可以在有限步内将任意一个普通最优解逐步转换成算法的解。每步转换都不降低解的最优性质。

本问题的解具有没有空闲时间、没有逆序的性质。

逆序 (i,j) 是指：$f(i) < f(j)$ 且 $d_i > d_j$。即第 i 个客户安排的服务时间比第 j 个客户安排的服务时间早，但是第 i 个客户期望的截止时刻比第 j 个客户期望的截止时刻晚。

本问题交换论证的过程就是不断地消除逆序，当逆序消除完成，则和算法的解等价。

此算法的证明依据引理：所有没有逆序、没有空闲时间的调度具有相同的最大延迟。

证明过程：从一个没有空闲的最优解出发，逐步转变成没有逆序的解，根据引理，这个解和算法解具有相同的最大延迟。

（3）算法描述。

```
//客户类型
struct Custom
{
    int id;                              //客户 id
    int spendtime;                       //客户服务时间
    int deadline;                        //客户希望服务完成时刻
};
//对 n 个客户进行最小延迟调度,返回最大的延迟时间
int MinimumScheduling(struct Custom A[],int n)
{
    int * delay= (int *)malloc(n * sizeof(int)); //各客户的延迟时间
    //按照客户希望完成时间对客户进行排序
    Sort(A,n);
    start = 0;
    //按顺序服务客户
    for(i = 0; i < n;i++)
    {
        if(A[i].deadline > start + A[i].spendtime)
        {
            //此客户无延迟
```

```
            delay[i] = 0;
        }
        else
        {
            //此客户有延迟
            delay[i] = start + A[i].spendtime - A[i].deadline;
        }
        //下一个客户的开始服务时刻
        start = start + A[i].spendtime;
    }
    //找出最大延迟
    max_delay = delay[0];
    for(i = 1; i < n; i++)
    {
        if(max_delay < delay[i])
            max_delay = delay[i];
    }
    return max_delay;
}
```

（4）算法分析。

算法的时间复杂度包括 2 部分，一部分是根据 n 个客户的期望完成时刻从小到大排序，排序的时间复杂度为 $O(n\log n)$，另一部分是对 n 个客户进行逐个选择，计算每个客户的延迟时间，时间复杂度为 $O(n)$。所以算法的时间复杂度为 $O(n\log n)+O(n)$，即 $O(n\log n)$。

第 10 章　回 溯 算 法

回溯法(backtracking algorithm,BA)有"通用的解题法"之称,利用它可以系统地搜索一个问题的所有解或任一解,是一个既有系统性又有跳跃性的搜索算法。

10.1　知 识 简 介

10.1.1　回溯算法的定义

回溯算法是在包含问题所有解的解空间树中,按照深度优先的策略,从根结点出发搜索解空间树。算法搜索至解空间树的任一结点时,总是先判断该结点是否包含问题的解,如果不包含问题的解,则不再对以该结点为根的子树进行搜索,而是逐层向其祖先结点回溯;否则,进入该结点的子树,继续按照深度优先的策略进行搜索。回溯法是一种基于深度优先搜索和约束函数的问题求解方法,它适用于解一些组合数较大的问题。

回溯法在用来求问题的所有解时,要回溯到根,且根结点的所有子树都已被搜索才结束。而回溯法在用来求问题的任一解时,只要搜索到问题的一个解即可结束。

回溯法求解问题的基本步骤如下:

(1) 针对所给问题,定义问题的解空间;

(2) 确定易于搜索的解空间结构;

(3) 以深度优先方式搜索解空间,并在搜索过程中利用剪枝函数避免无效搜索。

常用剪枝函数有以下 2 种:

(1) 用约束函数在扩展结点处剪去不满足约束的子树;

(2) 用限界函数剪去得不到最优解的子树。

10.1.2　解空间树

回溯法中的解空间树是在搜索过程中动态生成的,即边搜索边扩展分支。这和数据结构中树的深度遍历不同,数据结构中树的遍历需先建立树,然后再遍历。采用回溯法解题时经常遇到两类经典的解空间树:子集树和排列树。

1. 子集树

从 n 个元素的集合 S 中找出满足某种性质的子集,相应的解空间称为子集树。这种树中通常有 2^n 个叶结点,结点总数为 $2^{n+1}-1$,需 $\Omega(2^n)$ 计算时间。

如装载问题的解空间是一棵子集树。例如 $n=3$,$c_1=50$,$c_2=50$,且集装箱重量 $w=\{10,40,40\}$ 的装载问题,是否能将所有集装箱装到两艘轮船。该问题的解决策略是将第一艘船尽可能装满,然后将剩余的集装箱装到第二艘船。这时原问题就转变为将第一艘船尽可能装满,等价于选取全体集装箱的一个子集,使得该子集中集装箱重量之和最接近或等于 c_1。该案例的子集树如图 10-1 所示。

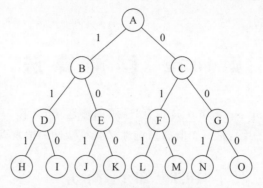

图 10-1 装载问题的解空间树

该子集树中,所有分支表示某个集装箱是否装入第一艘轮船。分支 A-B,值为 1,表示将第一个集装箱装入轮船,分支 A-C,值为 0,表示第一个集装箱不装入轮船。

2. 排列树

当所给问题的 n 个元素满足某种性质的排列时,相应的解空间树称为排列树。排列树通常有 $n!$ 个叶结点。因此,遍历排列树需要 $\Omega(n!)$ 计算时间。

TSP(旅行售货员问题)的解空间是一棵排列树。例如有四个城市,城市之间的道路以及路程如图 10-2 所示。求从城市 1 开始,将每个城市走一遍,最后又回到城市 1 的总路程最短的路线,如图 10-2 所示。

该问题的排列树如图 10-3 所示。

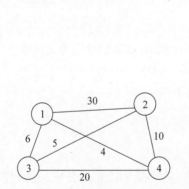

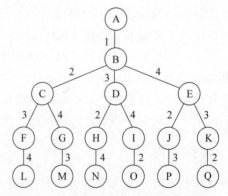

图 10-2 表示 4 个城市之间的关系的无向网   图 10-3 旅行售货员问题的解空间树

采用深度优先方式从根结点开始,通过搜索解空间树寻找一个最短路程的旅行。

10.1.3 回溯算法实现的两种方式

回溯算法的实现有两种方式:递归回溯和迭代回溯。

1. 递归回溯

回溯法是对解空间作深度优先搜索,因此,在一般情况下用递归方法实现,t 表示搜索深度。递归回溯的过程如下:

```
void Backtrack(int t)                    //t 表示搜索深度
{
```

```
    if(t > n)                           //搜索到叶结点
        Output(x);                      //记录或输出得到的可行解 x
    else
        for(int i = f(n,t); i <= g(n,t); i++)
        {
            //从 t 的编号为 f(n,t)到 g(n,t)未搜索的子树——搜索
            x[t] = h(i);                //第 t 步的选择值 h(i)
            //满足约束条件且目标函数未越界
            if(Constrain(t) && Bound(t))
                Backtrack(t+1);         //进一步搜索
        }
}
```

2. 迭代回溯

采用树的非递归深度优先遍历算法,可将回溯法表示为非递归迭代过程。迭代回溯的过程如下:

```
void IterativeBacktrack()
{
    int t = 1;
    while(t > 0)
    {
        if(f(n,t) <= g(n,t))            //还有子树未搜索完
            for(int i = f(n,t); i <= g(n,t);i++)
            {
                x[t] = h(i);            //第 t 步的选择值 h(i)
                //如果满足约束条件且目标函数未越界
                if(Constrain(t) && Bound(t))
                {
                    if(Solution(t))    //判断是否已得到问题的可行解
                        Output(x);     //记录或输出得到的可行解 x
                    else
                        t++;           //未得到问题的可行解,继续向纵深方向搜索
                }
                //如果该结点不满足约束条件或目标函数越界,则选下一个结点
            }
        else
            t--;
    }
}
```

10.2 实 验 目 的

通过解决 0-1 背包问题、旅行售货员问题和 n 皇后问题,让读者能够深入理解和熟练运用回溯法解决各类组合优化问题,培养良好的逻辑思维能力和高效的问题解决技能。通过编程实现回溯算法,培养算法设计和调试技能,积累解决实际问题的经验。

10.3 实验范例

范例 1 n 皇后问题

1. 问题描述

在 $n \times n$ 格的棋盘上放置彼此不受攻击的 n 个皇后,按照国际象棋的规则,皇后可以攻击与之在同一行或同一列或同一斜线上的棋子,该问题等价于在 $n \times n$ 格的棋盘上放置 n 个皇后,任何 2 个皇后不放在同一行或同一列或同一斜线上,求有多少种放置方法。

图 10-4 所示为 4 皇后问题的两个可行解。

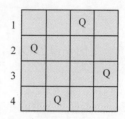

图 10-4　4 皇后问题的两个可行解

2. 问题分析

可以用一个数组 $x[1 \cdots n]$ 表示 n 皇后的解,$x[i]$ 表示皇后 i 放在棋盘的第 i 行的第 $x[i]$ 列。

(1) 问题的解空间树。

对于第 i 行的皇后,$x[i]$ 取值有 n 种情况,所以解空间是一棵完全 n 叉树。例如,4 皇后的解空间树是一棵完全 4 叉树,4 叉树的叶子个数为 $4^{5-1} = 256$,如图 10-5 所示。

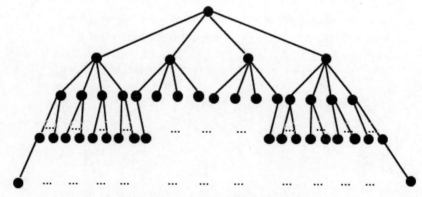

总共有 $4^4 = 256$ 个叶结点

图 10-5　4 皇后的解空间树

从根结点到某个叶结点的路径就是问题的一个可能解,需从这 256 个可能的解中找出满足条件的解。

在求解过程中用问题的约束条件将不满足条件的分支剪去,从而避免无效搜索,提高搜索效率。

(2) 剪枝函数。

该问题中放置皇后有 3 个约束条件:不在同一行、不在同一列、不在同一斜线上。用 $x[1\cdots n]$ 表示 n 皇后的解可以保证任何两个皇后不在同一行。每一行有 n 种放置方法,要保证任何两个皇后不在同一列,则任何两个皇后放置的列号应不相同,即解向量中的 $x[i]$ 互不相同。利用此条件可以对解空间树进行剪枝,剪枝后的 4 皇后问题的解空间树如图 10-6 所示。

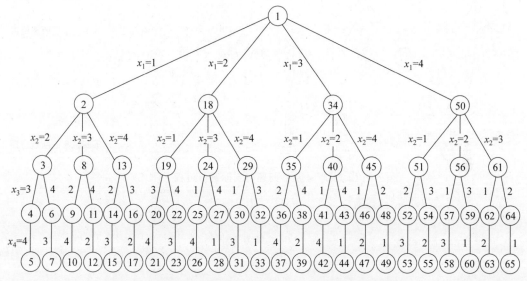

图 10-6　利用不在同列条件剪枝后的 4 皇后问题的解空间树

如果将 $n \times n$ 格的棋盘看作二维方阵,行号从上到下、列号从左到右依次编号为 1,2,$\cdots$,n,从左上角到右下角的主对角线及其平行线上(斜率为 -1 的各斜线),2 个下标值的差值相等。从左下角到右上角及其平行线上(斜率为 1 的各斜线),2 个下标值的和相等。假设两个皇后的位置分别是 $(i,x[i])$、$(k,x[k])$,如果 $i-x[i]=k-x[k]$ 或者 $i+x[i]=k+x[k]$,则说明这两个皇后在同一斜线上。两个等式等价于 $i-k=x[i]-x[k]$ 和 $i-k=x[k]-x[i]$,即只要 $|i-k|=|x[i]-x[k]|$ 成立,则说明第 i 行和第 k 行的两个皇后在同一斜线上。所以当条件 $x[i] \neq x[k]$ 且 $|i-k| \neq |x[i]-x[k]|$ 为真时(1<= $k<i$),第 i 行的皇后可以放到第 $x[i]$ 的位置,接着放第 $i+1$ 行的皇后。如果条件为假,则第 i 行的皇后不可以放到第 $x[i]$ 的位置,接着放下一个位置。

利用约束条件 $x[i] \neq x[k]$ 和 $|i-k| \neq |x[i]-x[k]|$ 后,4 皇后问题的实际遍历过程如图 10-7 所示。

灰色结点表示该位置不符合条件,从根结点到 16 号和 22 号结点为可行解。4 皇后问题的可行解为:(2、4、1、3)和(3、1、4、2)。

利用函数 Place 判断第 i 行将皇后放到 $x[i]$ 的位置是否可行,函数描述如下:

```
bool IsPlace(int i)
{
    for(int k = 1; k <= i;k++)
    {
        //会相互攻击
        if(x[i] == x[k] || abs(i - k) == abs(x[i] - x[k]))
```

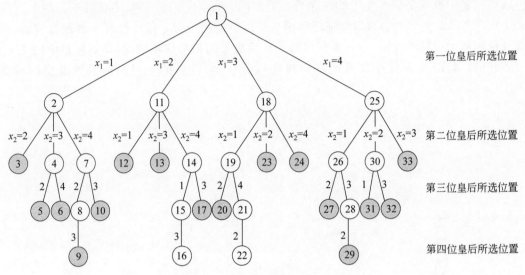

第一位皇后所选位置

第二位皇后所选位置

第三位皇后所选位置

第四位皇后所选位置

图 10-7　4 皇后问题的实际遍历过程

```
        return false;
    }
    return true;                    //不会相互攻击
}
```

3. 伪代码

（1）递归回溯。

```
//递归回溯求 n 皇后问题,输出可行解,并返回可行解个数
int NQueen_Recursion(int k,int n)
{
    int solutionNum = 0;            //可行解个数
    if(k > n)
    {
        //找到一个可行解
        Print(n);                   //输出可行解
        return 1;
    }
    else
        for(int i = 1; i <= n; i++)
        {
            x[k] = i;               //将皇后放置到位置 i
            if(IsPlace(k))          //该位置可行,则继续放下一行的皇后
                solutionNum += NQueen_Recursion(k+1,n);
        }
    //返回可行解数
    return solutionNum;
}
```

（2）用迭代回溯求 n 皇后问题,返回可行解个数。

```
int NQueen_Iteration(int n)
```

```
{
    int solutionNum=0;          //可行解个数
    int k = 1;                  //从第一行开始
    while(k > 0)                //如果 k 等于 0,说明第一行全部试探完,退回到第一行前面
    {
        x[k] = x[k]+1;          //从上次搜索的下一位置开始
        for(; x[k] <= n; x[k]++)
        {
            //如果可以放
            if(IsPlace(k))
            {
                //是否得到可行解
                if(k == n)      //得到问题的可行解
                {
                    Print(n);   //输出得到的可行解
                    //可行解个数加 1
                    solutionNum ++;
                }
                else
                {
                    //未得到问题的可行解,继续向纵深方向搜索
                    k++;
                    x[k] = 0;
                }
            }
        }
        //回溯到上一行
        k--;
    }
    return solutionNum;
}
```

输出可行解的 Print 函数定义如下:

```
void Print(int n)               //输出可行解
{
    int i;
    printf("\n(");
    for(i = 1; i < n; i++)
    {
        printf("%d,",x[i]);
    }
    printf("%d)\n",x[i]);
}
```

4. 算法分析

回溯法的时间复杂度通常表示为 $O(N!)$ 或者 $O(N^N)$,但是,由于剪枝的存在,实际运行时生成的有效结点数远小于理论上限。对于较小的 N 值(如 $N \leqslant 30$),回溯法通常能够在可接受的时间内找到所有解或至少一个解。随着 N 增大,尽管复杂度理论上限很高,但

由于大量无效状态被提前排除,实际性能往往比理论复杂度要好。

对于实际应用,尤其是对于中小规模的 N(如 $N \leqslant 30$),回溯法及其优化版本通常是有效且实用的解决方案。对于大规模 N,可能需要采用更高级的算法或专门设计的高效数据结构来处理。

10.4 实 验 任 务

任务 1:利用回溯算法求解 0-1 背包问题。

问题描述:给定 n 种物品和一个背包。第 i 种物品重量为 w_i,其价值为 v_i,其中 $i = 1$, $2, 3, \cdots, n$,背包的容量为 c。问如何选择放入背包的物品,使得放入背包的物品的总价值最大。

在选择装入背包的物品时,每种物品 i 只有两种选择,即装入背包或不装入背包。此问题的形式化描述是,给定 $c > 0, w_i > 0, v_i > 0, 1 \leqslant i \leqslant n$,要求找出一个 n 元 0−1 向量 $(x_1, x_2, \cdots, x_n), x_i \in \{0,1\}, 1 \leqslant i \leqslant n$,使得 $\sum_{i=1}^{n} w_i x_i \leqslant c$,而且 $\sum_{i=1}^{n} v_i x_i$ 达到最大。0-1 背包问题是一个特殊的整数规划问题:

$$\max \sum_{i=1}^{n} v_i x_i$$

$$\begin{cases} \sum_{i=1}^{n} w_i x_i \leqslant c \\ x_i \in \{0,1\}, \quad 1 \leqslant i \leqslant n \end{cases}$$

任务 2:利用回溯算法求解旅行售货员问题。

问题描述:某售货员要到 n 个城市去推销商品,已知各城市之间的路程(或旅行所需的费用)。要求选择一条从驻地出发,经过每个城市一遍,最后回到驻地的路线,使总路程(或总旅费)最小。

10.5 任 务 提 示

1. 任务 1 提示

(1) 问题分析。

用回溯法求解此问题,首先需要分析问题的解空间树以及在搜索过程中使用的剪枝函数。

① 问题的解空间树。

0-1 背包问题的解空间树是一棵子集树。树中每个结点有两个分支,分别表示该物品装入(值为 1)背包和不装入背包(值为 0)。

例如 3 个物品的 0-1 背包问题,物品个数 $n = 3$,背包容量 $c = 30$,每个物品重量 $w = \{16,15,15\}$,每个物品的价值 $v = \{45,25,24\}$。该问题的子集树如图 10-8 所示。

该子集树中,所有分支表示选还是不选某个物品。分支 A-B,值为 1,表示选择第一个

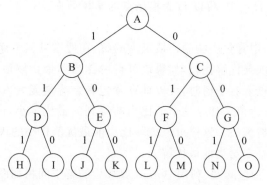

图 10-8　3 个物品的 0-1 背包问题的解空间树

物品,分支 A-C,值为 0,表示不选择第一个物品。

该树的叶结点共有 $2^3=8$ 个,从根结点到某个叶结点就是问题的一个可能的解,需从这 8 个可能的解中找出满足条件的解。

② 剪枝函数。

在求解过程中利用问题的可行性约束条件和限界函数将不满足条件的分支剪去,从而避免无效搜索,提高搜索效率。可行性约束条件为下一个物品能装入背包中。限界函数是将剩下的物品装满背包剩余空间得到的最大值,与已放入背包中物品的价值之和比当前最大值更大。为了能方便计算背包剩余空间装入的物品价值最大,需先将所有物品按单位价值从大到小排序。

例如案例中 3 个物品单位价值从大到小为 {16,15,15},顺序和原有顺序一致。

- 可行性约束条件

该问题的可行性约束函数为装入背包的物品的重量不能超过背包能装的最大值,即

$$\sum_{i=1}^{n} w_i x_i \leqslant c$$

如 3 个物品的 0-1 背包问题,利用约束函数剪枝之后的解空间树如图 10-9 所示。

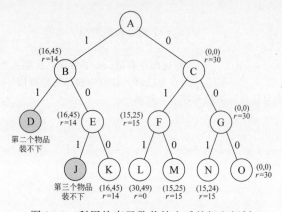

图 10-9　利用约束函数剪枝之后的解空间树

其中 $r=14$ 表示背包剩余容量为 14,(16,45) 表示背包中已装入物品的重量为 16,装入背包中物品的总价值为 45。分支 A-B 表示装入物品 1,在顶点 B 处,背包中装入物品的重量为 16,总价值为 45,剩余容量 14。接着搜索分支 B-D,选择物品 2,但物品 2 的重量是 15,

大于 14,物品 2 装不进背包中,将以 D 为根结点的子树剪去。

- 限界函数。

该问题是求可行解中背包中物品价值最大的解,在搜索过程中存储当前最优解,每得到一个可行解,将其和当前最优解比较,如果该可行解比当前最优解值更大,则替换当前最优解。在搜索过程中,当进入右子树时,可以计算背包剩余容量能装入的物品的最大值,再加上当前背包中物品的总价值。如果这个值比当前得到的最优解小,说明搜索此右子树不能得到更优解,将该右子树剪去。这样可以排除比当前最优值更小的可行解,所以只要得到一个可行解,则此可行解一定是当前最优解。

如 3 个物品的 0-1 背包问题,利用 Bound 剪枝后的解空间树如图 10-10 所示。

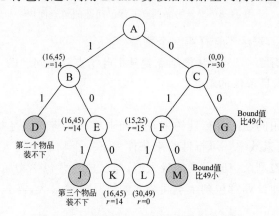

图 10-10　利用 Bound 剪枝后的解空间树

在结点 G 处,由于剩余物品只有物品 3 没有装入,此时背包中物品的价值为 0,剩余容量为 30。如果将剩余的物品装入背包后,背包中物品的最大价值为 24,比当前最优值 49 小,因此搜索以该结点为根结点的子树不可能得到更优解,将该子树剪去。

利用 Bound 函数来计算将背包剩余容量装满(可能有某个物品只能装部分)能装入的物品最大值和已装入物品的总价值之和,伪代码描述如下:

```
//计算上界
TypeP Bound(int i)              //TypeP 为价值的类型
{
    TypeW cleft = c - cw;       //背包剩余容量,cw 为背包已放物品重量
    TypeP b = cp;               //cp 为已放入背包中物品的总价值
    //以物品单位重量价值递减的顺序装入物品
    while(i <= n && w[i] <= cleft)
    {
        cleft -= w[i];
        b += p[i];
        i++;
    }
    //如果背包没装满,且还有物品,将剩余物品中单位价值最大的物品装入部分,将背包装满
    if(i <= n)
        b += p[i] * cleft/w[i];
    return b;
}
```

（2）算法描述。

```
//递归回溯求 0-1 背包问题
void Knapsack__Recursion(int i)
{
    if(i >= n)                    //已达到叶结点
    {
        bestP = cp;               //得到当前最优解
        return;
    }
    //判断可行性约束条件
    if(cw + w[i] <= c)            //进入左子树
    {
        cw = cw + w[i];
        cp = cp + p[i];
        Knapsack__Recursion(i+1);
        cw = cw - w[i];
        cp = cp - p[i];
    }
    //判断限界条件
    if(Bound(i+1) > bestP)        //进入右子树
        Knapsack__Recursion(i+1);
}
```

（3）算法分析。

计算上界需要 $O(n)$ 时间，在最坏情况下有 $O(2^n)$ 个右孩子需要计算上界，故 0-1 背包问题的回溯算法所需的计算时间为 $O(n \times 2^n)$。

2. 任务 2 提示

（1）问题分析。

可以将该问题模型化为一个具有 n 个顶点（表示 n 个城市）的带权图，边表示两个城市之间有路，边的权值表示城市之间的路程或者旅行所需的费用。例如有 4 个城市，各城市之间的路程用带权图如图 10-11 所示。

从城市 1 出发，每个城市经历一次，最后回到城市 1 路程最短的路径是 $(1,3,2,4,1)$，总路程是 25。

用邻接矩阵来存储带权图，城市之间的路程（或者费用）用邻接矩阵 **A** 表示。上述案例的邻接矩阵如图 10-12 所示。

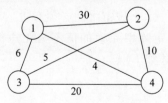

图 10-11　模型化后的带权图

$$A = \begin{bmatrix} \infty & 30 & 6 & 4 \\ 30 & \infty & 5 & 10 \\ 6 & 5 & \infty & 20 \\ 4 & 10 & 20 & \infty \end{bmatrix}$$

图 10-12　带权图的邻接矩阵

① 问题的解空间。

如果给定 n 个城市 $\boldsymbol{C}=\{c_1,c_2,\cdots,c_n\}$，城市之间的路程 $d(c_i,c_j)=d(c_j,c_i)$，其中 $1\leqslant i<j\leqslant n$，则问题的解为 $1,2,\cdots,n$ 的排列 $k_1,k_2,\cdots,k_n$ 使得：

$$\min\left\{\sum_{i=1}^{n-1} d(c_{k_i},c_{k_{i+1}})+d(c_{k_n}+c_{k_1})\right\}$$

即要从所有排列中找一个最优排列，使得构成环路路径长度最短。此问题的解空间树是一棵排列树。对整棵排列树的回溯搜索类似于生成排列的过程，开始时 $k=\{1,2,\cdots,n\}$，相应的排列树由 $k[1{:}n]$ 全排列构成。

上述案例的排列树如图 10-13 所示。

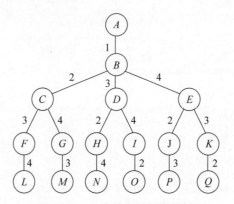

图 10-13　4 个城市的解空间树

树中分支表示选择哪个城市，从城市 1 出发，可以选择城市 2、城市 3 或城市 4。如果选择城市 2，接着可以选择城市 3 或者城市 4，如果选择城市 3，最后只能选择城市 4。树中每一条从根结点到叶结点的路径代表一种排列的顺序，从根结点 A 到叶结点 L 的路径代表的排列顺序为 (1,2,3,4)。

在对解空间树进行递归搜索过程中，选择第 $n-1$ 个城市后选择第 n 个城市，第 n 个城市只有一种选择，此时只需检测顶点 $k[n-1]$ 到顶点 $k[n]$ 以及顶点 $x[n]$ 到顶点 $x[1]$ 是否有边。如果两条边都存在，则找到了一条可行的回路。如果这条回路的路程（或者费用）比当前找到的最优解更小，则需更新最优解为当前找到的解。

② 剪枝函数。

对于 n 个城市的问题，排列树中结点是逐层减少的，树中共有 $(n-1)!$ 个叶结点。在求解过程中用问题的可行性约束条件和限界函数将不满足条件的分支剪去，避免无效搜索，从而提高搜索效率。

● 可行性约束条件

在选择第 i 个城市时，所选择的城市和已选的第 $i-1$ 个城市之间必须有边，否则剪去相应的子树。选择的两个城市之间有边，即对应邻接矩阵中元素的值不为无边标志（用 NoEdge 表示，在邻接矩阵中用无穷来表示），该条件描述如下：

```
d[k[i-1]][k[i]] != NoEdge
```

● 限界条件

当选择第 i 个城市时，当前所需的总路程（或者总旅费）需比当前最优解小，否则剪去相应的子树。假设用 cc 表示当前路程或者费用，用 bestC 表示当前最优解，则该条件描述如下：

cc+d[k[i-1]][k[i]] < bestC

或者还没有得到一个可行解，即 bestC==NoEdge。

当这两个条件都满足，可以选择下一个城市；否则，剪去相应的子树。

（2）算法描述。

```
#define MAXN 20
ValueType bestC;                                    //最优路程或者费用,初始值为无穷
ValueType cc;                                       //当前路径的路程或者费用,初始值为 0
int k[MAXN];                                        //k 的初始值为 1,2,3,…,n
int bestk[MAXN];
ValueType d[MAXN][MAXN];                            //图的邻接矩阵

//回溯法求旅行售货员问题,n 个城市,用 NoEdge 表示无穷
void Traveling_Recursion(int i,int n)
{
    if(i == n)
    {
        //找到一个可行解
        if(d[k[n-1]][k[n]] != NoEdge && d[k[n]][k[1]] != NoEdge)
        {
            //计算此可行解的总路程或费用
            cost = cc + d[k[n-1]][k[n]] + d[k[n]][k[1]];
            //判断是否比当前最优值更优,是则替换
            if((cost < bestC) || bestC == NoEdge)       //第一次找到回路
            {
                for(int j = 1; j <= n; j++)
                    bestk[j] = k[j];
                bestC = cost;
            }
        }
    }
    else
    {
        for(int j = i; j <= n; j++)
        {
            //判断是否进入下一棵子树
            if(d[k[i-1]][k[j]] != NoEdge) && (cc+d[k[i-1]][k[j]] < bestC ||
            bestC == NoEdge)
            {
                //搜索子树
                Swap(k[i],k[j]);
                cc += d[k[i-1]][k[i]];
                Traveling_Recursion(i+1,n);
```

```
            cc -= d[k[i-1]][k[i]];
            Swap(k[i],k[j]);
        }
    }
}
```

（3）算法分析。

如果不考虑更新 bestC 所需时间，算法需要 $O((n-1)!)$ 计算时间。由于算法在最坏情况下可能需要更新当前最优解 $O((n-1)!)$ 次，每次更新 bestC 需 $O(n)$ 计算时间，从而整个算法的计算时间复杂度为 $O(n!)$。

第 11 章　动态规划算法

动态规划(dynamic programming,DP)是运筹学的一个分支,是求解决策过程最优化的方法。20 世纪 50 年代初,美国数学家贝尔曼(R.Bellman)等在研究多阶段决策过程的优化问题时,提出了著名的最优化原理,从而创立了动态规划。

11.1　知 识 简 介

11.1.1　动态规划求解问题的两个要素

动态规划方法通常用来求解最优化问题,这类问题可以有很多可行解,每个解都有一个值,需要找到具有最优值(最小值或者最大值)的解。

适合应用动态规划方法求解的最优化问题应该具备两个要素:最优子结构性质和子问题重叠。

(1) 最优子结构性质。

如果一个问题的最优解包含其子问题的最优解,则称这个问题具有最优子结构性质。因此,判断某个问题是否适用动态规划算法,需要判断该问题是否具有最优子结构性质。

(2) 子问题的重叠性。

适用动态规划方法求解的问题应该具备的第二个基本要素是子问题的重叠性。在用递归算法自顶向下求解问题时,某些子问题被反复计算,则称该问题具有子问题重叠性。为了避免子问题重复计算,动态规划方法求解问题时对每个子问题求解一次,并将解存入表格中,当再次需要这个子问题时可直接查表。

11.1.2　动态规划求解问题的步骤

用动态规划求解问题的一般步骤如下:
(1) 找出最优解的性质,刻画其结构特征;
(2) 递归定义最优解的值;
(3) 采用自底向上的方法计算最优解的值;
(4) 通过最优值求解过程构造一个最优解。

11.2　实 验 目 的

通过对 0-1 背包问题、最大子数组问题和最长公共子序列问题的设计与实现,使学生学会分析问题从而确定问题是否适用动态规划求解,并能将复杂问题分解为一系列相互关联且具有最优子结构的子问题。通过问题实例的编程实现,加深对理论知识的理解,提升自身的算法设计与分析水平,同时锻炼编码实现和调试技能。

11.3 实 验 范 例

范例 1　0-1 背包问题

1. 问题描述

给定 n 种物品和一个背包，第 i 种物品重量为 w_i，其价值为 v_i，其中 $i=1,2,3,\cdots,n$，背包的容量为 c，问如何选择放入背包的物品，使得放入背包的物品的总价值最大，重量 w、背包容量 c 均为正整数。

在选择装入背包的物品时，每种物品 i 只有两种选择，即装入背包或不装入背包。此问题的形式化描述是：给定 $c>0, w_i>0, v_i>0, 1 \leqslant i \leqslant n$，要求找出一个 n 元 $0-1$ 向量 $(x_1, x_2, \cdots, x_n), x_i \in \{0,1\}, 1 \leqslant i \leqslant n$，使得 $\sum\limits_{i=1}^{n} w_i x_i \leqslant c$，而且 $\sum\limits_{i=1}^{n} v_i x_i$ 达到最大。$0-1$ 背包问题是一个特殊的整数规划问题：

$$\max \sum_{i=1}^{n} v_i x_i$$

约束条件：

$$\begin{cases} \sum\limits_{i=1}^{n} w_i x_i \leqslant c \\ x_i \in \{0,1\}, 1 \leqslant i \leqslant n \end{cases}$$

如有 5 个物品，每个物品的重量和价值如表 11-1 所示，背包容量为 13。

表 11-1　5 个物品的重量和价值

i	1	2	3	4	5
w_i	10	3	4	5	4
v_i	24	2	9	10	9

该问题的最优值为 28，分别放入物品 3、物品 4 和物品 5。

2. 问题分析

首先分析问题是否具备利用动态规划求解的两个基本要素：最优子结构和子问题重叠。

(1) 最优子结构性质。

假设考虑前 i 个物品装入容量为 j 的背包中，能获得的最大价值用 $P(i,j)$ 来表示。当选择第 i 个物品时，有两种情况：

① 当 $w_i > j$ 时，第 i 个物品不能装入，则背包中物品的最大价值等于从前面 $i-1$ 个物品中选取放入背包中的物品的最大价值，即 $P(i,j) = P(i-1,j)$。

②当 $w_i \leqslant j$ 时，第 i 个物品可以装入背包，也可以不装入背包。此时的最大值应该为物品 i 装入背包时的最大值与不装入背包的最大值两者中的较大者。如果将物品 i 装入背包，则背包中物品的最大值等于从前面 $i-1$ 个物品中选取放入容量为 $j-w_i$ 的背包中的物品的最大值，再加上第 i 个物品的价值，即 $P(i,j) = P(i-1, j-w_i) + v_i$。如果不将物

品 i 装入背包,则背包中物品的最大值等于从前面 $i-1$ 个物品中选取放入容量为 j 的背包中的物品的最大值,即 $P(i,j)=P(i-1,j)$。$P(i,j)$ 应该取这两个值的较大者。

$$P(i,j)=\max\{P(i-1,j-w_i)+v_i,P(i-1,j)\}$$

由此可见,该问题具有最优子结构性质。即大问题的最优解包含子问题的最优解。

基于这个性质可以得到一个递归关系,由这个递归关系,能想到的最简单的方法就是递归方法。其递归定义如下。

递归模型:

$$P(i,j)=\begin{cases}\max\{P(i-1,j),P(i-1,j-w_i)+v_i\} & j\geqslant w_i\\ P(i-1,j) & 0\leqslant j<w_i\end{cases}$$

递归结束条件:

当 $i\leqslant0$,即物品个数为 0,则 $P(i,j)=0$;

当 $j\leqslant0$,即背包的容量不够,则 $P(i,j)=0$。

用递归函数 KnapsackRA($w[]$,$v[]$,i,j) 求将第 i 个物品放入容量为 j 的背包中的物品的最大价值,其中数组 w 存放每个物品的重量,数组 v 存放每个物品的价值,伪代码描述如下:

```
int KnapsackRA(int w[],int v[],int i,int j)
{
    if(i <= 0 || j <= 0)
        return 0;
    else
    {
        if(w[i] > j)            //第 i 个物品装不下
            return KnapsackRA(w,v,i-1,j);
        else
            return max (KnapsackRA(w,v,i-1,j),
                    KnapsackRA(w,v,i-1,j-w[i])+v[i]);
    }
}
```

其中,max(KnapsackRA(w,v,$i-1$,j),KnapsackRA(w,v,$i-1$,$j-w[i]$)+$v[i]$) 函数用来选出两个价值中的较大者。

假设每个物品的重量都为 w,求解过程的递归树如图 11-1 所示。

其中,1 表示选择第 i 个物品,0 表示不选择第 i 个物品。

用递归方法求 0-1 背包问题的时间复杂度是 $O(2^n)$。从递归树可以看出,用递归求解过程中有很多子问题重复求解,从而导致算法的时间复杂度高。

(2) 子问题重叠。

在用递归方法求解问题时有很多子问题重复求解,这就是子问题重叠性质。为了避免同一子问题重复求解,可采用空间换时间策略,记录每个子问题首次计算结果,后面需要时可直接取值,这样每个子问题只计算一次。在递归方法基础上用表格存储子问题解的方法称为带备忘录的递归方法。递归方法的计算顺序是先自顶向下递归直到递归出口(最原始的子问题),然后通过自底向上的递推过程计算每步的解,最后得到原问题的解,过程如

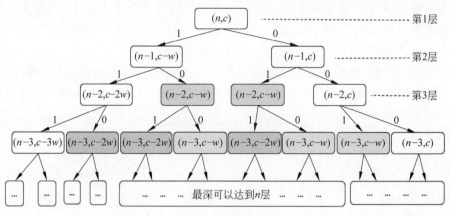

图 11-1　递归树

图 11-2 所示。

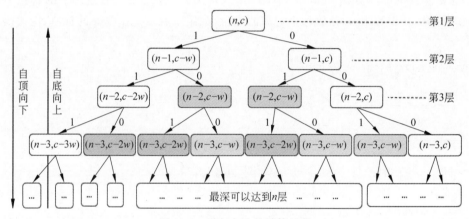

图 11-2　递归方法的计算过程

为了进一步优化求解过程,可以不用递归,即去掉自顶向下的递归过程,直接自底向上计算问题的解,这就是动态规划的方法。

(3)采用动态规划解题步骤。

① 问题结构分析。

用一个二维数组存储每个子问题的最优解,用 $P[i,j]$ 表示前 i 个物品可选,背包容量为 j 时的最优解。则原问题的最优解为 $P[n,c]$,表示有 n 个物品,背包容量为 c 时的最优解。

② 递归定义最优解的值。

通过上述分析可知,该问题具有最优子结构性质。根据这一性质构建递推关系。

$$P[i,j] = \max\{P[i-1,j-w_i]+v_i, P[i-1,j]\}$$

③ 采用自底向上的方法计算最优解的值。

根据递推关系,确定子问题的计算顺序。

递推关系的初始化条件为:

a. 当背包容量 j 为 0 时,$P[i,0]=0$;

b. 当没有物品，即 i 为 0 时，$P[0,j]=0$。

即二维数组中的第一行和第一列都为 0。

通过递推关系可知，$P[i,j]$ 的值依赖于子问题 $P[i-1,j-w_i]$ 的值和子问题 $P[i-1,j]$ 的值，在计算过程中需把 $P[i-1,j-w_i]$ 和 $P[i-1,j]$ 计算出来，才能计算 $P[i,j]$ 的值，如表 11-2 所示。

表 11-2　$P[i,j]$ 的计算顺序（一）

$P[i,j]$	$j=0$	1	2	3	...	$c-1$	c
$i=0$	0	0	0	0	0	0	0
1	0						
...	0						
n	0						

$P[i-1,j-w_i]$ 和 $P[i-1,j]$ 都在 $P[i,j]$ 的上一行，所以需从第一行开始从上往下顺序计算。同时这两个值一个在左侧一个在上方，所以每行需从第一列开始从左往右顺序计算。例如有 n 个物品，背包容量为 c 的问题，P 的计算顺序如表 11-3 所示。

表 11-3　$P[i,j]$ 的计算顺序（二）

$P[i,j]$	$j=0$	1	2	3	...	$c-1$	c
$i=0$	0	0	0	0	0	0	0
1	0						
2	0						
...	0						
n	0						

如有 5 个物品，每个物品的重量 $w=\{10,3,4,5,4\}$，每个物品的价格 $v=\{24,2,9,10,9\}$，背包容量 c 为 13。$P[0,0]$ 到 $P[5,13]$ 的计算过程如下所示。

当 $i=0$ 或者 $j=0$ 时，$P[i,j]$ 值为 0，如表 11-4 所示。

表 11-4　$P[i,j]$ 的初始值

$P[i,j]$	$j=0$	1	2	3	4	5	6	7	8	9	10	11	12	13
$i=0$	0	0	0	0	0	0	0	0	0	0	0	0	0	0
1	0													
2	0													
3	0													
4	0													
5	0													

当 $i=1$ 时，放第一个物品，第一个物品重量为 10，价格为 24。当 $j<10$ 时，该物品不能

装入背包,所以 $P[1,j]$ 的值都为 0。当 $j \geqslant 10$ 时,该物品可以放入背包,则背包中物品价值为第一个物品的价值 24,则 $P[1,10]$ 到 $P[1,13]$ 的值为 24。P 中第 1 行的各个元素值如表 11-5 所示。

表 11-5 当 $i=1$ 时 $P[1,j]$ 的值

$P[i,j]$	$j=0$	1	2	3	4	5	6	7	8	9	10	11	12	13
$i=0$	0	0	0	0	0	0	0	0	0	0	0	0	0	0
1	0	0	0	0	0	0	0	0	0	0	24	24	24	24
2	0													
3	0													
4	0													
5	0													

当 $i=2$ 时放第二个物品,第二个物品重量为 3,价值为 2。

当 $j<3$ 时,该物品不能放入背包,$P[2,j]$ 等于 $P[1,j]$,均为 0。

当 $j=3$ 时,该物品可以放入背包,此时放入该物品的价值为 $P[1,3-3]+2=0+2=2$,不放入该物品的价值为 $P[1,3]=0$,选大者,所以 $P[2,3]=2$。直到 $P[2,9]$,值都为 2。

当 $j \geqslant 10$ 且 $j \leqslant 12$ 时,该物品也可以放入背包。将该物品放入背包后,背包中物品的价值为 $P[1,10-3]+2=0+2=2$,如果不放入背包,背包中物品的最大价值为 $P[1,10]=24$。选两者中的大者,所以 $P[2,10]=\max\{2,24\}=24$。同理 $P[2,11]$ 和 $P[2,12]$ 也等于 24。

当 $j=13$ 时,该物品也可以放入背包,如果将该物品放入背包,则背包中物品的最大值为 $P[1,13-3]+2=24+2=26$,如果不放入背包,背包中物品的最大价值为 $P[1,10]=24$。选两者中的大者,所以 $P[2,13]=\max\{26,24\}=26$。

P 中第 2 行的各个元素值如表 11-6 所示。

表 11-6 当 $i=2$ 时 $P[2,j]$ 的值

$P[i,j]$	$j=0$	1	2	3	4	5	6	7	8	9	10	11	12	13
$i=0$	0	0	0	0	0	0	0	0	0	0	0	0	0	0
1	0	0	0	0	0	0	0	0	0	0	24	24	24	24
2	0	0	0	2	2	2	2	2	2	2	24	24	24	26
3	0													
4	0													
5	0													

后面 3 行用同样的方法计算,最后计算的结果如表 11-7 所示。

表 11-7 计算出 $P[5,13]$ 的值

$P[i,j]$	$j=0$	1	2	3	4	5	6	7	8	9	10	11	12	13
$i=0$	0	0	0	0	0	0	0	0	0	0	0	0	0	0
1	0	0	0	0	0	0	0	0	0	0	24	24	24	24
2	0	0	0	2	2	2	2	2	2	2	24	24	24	26
3	0	0	0	2	9	9	9	11	11	11	24	24	24	26
4	0	0	0	2	9	10	10	11	12	19	24	24	24	26
5	0	0	0	2	9	10	10	11	18	19	24	24	24	28

该问题的最优值 $P[5,13]=28$。

（4）通过最优值求解过程构造一个最优解。

求得最优解后,如何确定装入了哪些物品呢?

由递推公式 $P[i,j]=\max\{P[i-1,j-w_i]+v_i,P[i-1,j]\}$ 可知,如果 $P[i,j]$ 等于 $P[i-1,j-w_i]+v_i$,则说明选择了第 i 个物品,如果 $P[i,j]$ 等于 $P[i-1,j]$,则说明没有选择第 i 个物品。在计算过程中,设用数组 $\mathrm{Rec}[i,j]$ 来存储决策过程,当选择第 i 个物品时,$\mathrm{Rec}[i,j]$ 赋值 1,当不选择第 i 个物品时,$\mathrm{Rec}[i,j]$ 赋值 0。即

$$\mathrm{Rec}[i,j]=\begin{cases}1, & P[i-1,j-w_i]+v_i>P[i-1,j]\\0, & 否则\end{cases}$$

再根据 Rec 数组的值,从 $\mathrm{Rec}[n,C]$ 开始,倒序判断是否选择了某个物品,从而确定选择了哪些物品装入背包。

例如在上述案例中,有 5 个物品,每个物品的重量 $w=\{10,3,4,5,4\}$,每个物品的价值 $v=\{24,2,9,10,9\}$,背包容量为 13。在计算 P 数组的同时对 Rec 数组赋值。

当 $i=1$ 时,判断是否装入物品 1,当背包容量小于 10 时,物品 1 不能装入背包,所以 Rec 数组中第 1 行,0 到 9 列的值为 0。当背包容量大于等于 10,可以装入物品 1,所以此行后面的值为 1。

当 $i=2$ 时,判断物品 2 是否装入背包,当 $j=3$ 时,$P[2,3]=\max\{P[1,3-3]+2=0+2=2,P[1,3]=0\}=2$,是选择装入物品 2,所以 $\mathrm{Rec}[2,3]$ 赋值 1。当 $j=10$ 时,$P[2,10]=\max\{P[1,10-3]+2=0+2=2,P[1,10]=24\}=24$,不装入物品 2,所以 $\mathrm{Rec}[2,3]$ 赋值 0。

最后 Rec 数组的值如表 11-8 所示。

表 11-8 Rec 数组各元素的值

Rec	$j=0$	1	2	3	4	5	6	7	8	9	10	11	12	13
$i=1$	0	0	0	0	0	0	0	0	0	0	1	1	1	1
2	0	0	0	1	1	1	1	1	1	1	0	0	0	1
3	0	0	0	0	1	1	1	1	1	1	0	0	0	0
4	0	0	0	0	0	1	1	0	1	1	0	0	0	0
5	0	0	0	0	0	0	0	0	1	0	0	0	0	1

接着，从 Rec[5,13]开始，倒序判断选择了哪些物品装入背包。Rec[5,13]值为1，说明选择物品5。背包容量13减去物品5的重量4，等于9，接着找 Rec[4,9]。Rec[4,9]的值为1，说明选择物品4。背包容量9减去物品4的重量5，等于4，接着找 Rec[3,4]。Rec[3,4]等于1，说明选择物品3。背包容量4减去物品3的重量4，等于0。此时背包容量为0，说明前面的物品都不装入背包，即物品2和物品1都不选。因此，该问题的解用向量表示为 (0,0,1,1,1)。根据 Rec 数组值推出最优解的过程如表 11-9 所示。

表 11-9 利用 Rec 数组的值推出解的过程

Rec	j = 0	1	2	3	4	5	6	7	8	9	10	11	12	13
i = 1	0	0	0	0	0	0	0	0	0	0	1	1	1	1
2	0	0	0	1	1	1	1	1	1	1	0	0	0	1
3	0	0	0	0	1	1	1	1	1	1	0	0	0	0
4	0	0	0	0	0	1	1	0	1	1	0	0	0	0
5	0	0	0	0	0	0	0	0	1	0	0	0	0	1

3. 算法描述

算法的伪代码描述如下。

```
//n个商品,各商品的价值 v[],各商品的重量 w[],背包容量 c,返回最大价值
int Knapsack(int v[],int w[],int n,int c,int * * P,int * * Rec)
{
    //将二维数组 P[0..n,0..c]和 Rec[0..n,0..c]赋值为 0
    //P[i][j]表示放 i 个物品放入容量为 j 背包的中时物品的最大价值;
    //Rec[i][j]取值 0 或者 1,表示将 i 个物品到容量为 j 的背包中时,第 i 个物品选还是不选,1
      表示选,0 表示不选
    for(i = 0; i <= c; i++)
    {
        P[0][i] = 0;
        Rec[0][i] = 0;
    }
    for(i = 0; i <= n;i++)
    {
        P[i][0] = 0;
        Rec[i][0] = 0;
    }
    //计算 P 数组中的值
    for(i = 1; i <= n;i++)
    {
        for(j = 1; j <= c; j++)
        {
            //第 i 个物品能放入背包,且放入之后的价格更大
            if((w[i] <= j) && v[i]+P[i-1][j-w[i]] > P[i-1][j])
            {
```

```
                    //将 P 数组中的值替换成更优的值
                    P[i][j] = v[i] + P[i-1][j-w[i]];
                    //并将记录第 i 个物品被选定
                    Rec[i][j] = 1;
                }
                else
                {
                    //第 i 个物品不能装入背包
                    P[i][j] = P[i-1][j];
                    Rec[i][j] = 0;
                }
            }
        }
    return P[n][c];
}
```

接着定义函数 traceBack，根据 Rec 数组的值得出哪些物品装入背包，用 selected 数组存储各物品是否被选定的信息。

```
void traceBack(int * * Rec, int * w, int n, int c, int * selected)
{
    t = c;                       //从 Rec[n][c]开始判断
    for(i = n; i > 0; i--)
    {
        if(Rec[i][t] == 1)
        {
            selected[i] = 1;
            t = t - w[i];
        }
        else
        {
            selected[i] = 0;
        }
    }
}
//定义主函数
int main()
{
    int i;
    int gNum, capacity;          //物品个数和背包容量
    int * w;                     //存放各物品的重量
    int * v;                     //存放各物品的价格
    //输入物品个数
    printf("输入物品个数和背包容量：");
    scanf("%d%d", &gNum, &capacity);
    w = (int *)malloc((gNum+1) * sizeof(int));
```

```
    v = (int *)malloc((gNum+1) * sizeof(int));
    printf("输入各物品的重量和价格：");
    for(i = 1; i <= gNum; i++)
    {
        scanf("%d%d",&w[i],&v[i]);
    }
    int * * P, * * Rec;                //定义二维数组 P 和 Rec
    //数组 P[gNum+1][capacity+1],P[i][j]表示放 i 个物品放入容量为 j 背包的中时物品的
      最大价值；
    //Rec[gNum+1][capacity+1],Rec[i][j]取值 0 或者 1,表示将 i 个物品到容量为 j 的背包
      中时,第 i 个物品选还是不选,选用 1 表示,不选用 0 表示；
    P = (int * *)malloc(sizeof(int *) * (gNum+1));
    for(i = 0; i < gNum+1; i++)
        P[i] = (int *)malloc(sizeof(int) * (capacity+1));
    Rec = (int * *)malloc(sizeof(int *) * (gNum+1));
    for(i = 0; i < gNum+1; i++)
        Rec[i] = (int *)malloc(sizeof(int) * (capacity+1));
    int * selected;          //selected 数组用来存储哪些物品被选定,选定为 1,未选定为 0
    selected = (int *)malloc(sizeof(int) * (gNum+1));
    int maxV = Knapsack(v,w,gNum,capacity,P,Rec);
    printf("MaxV = %d\n",maxV);
    traceBack(Rec,w,gNum,capacity,selected);
    //输出数组 selected 中的值
    printf("所选物品：(");
    for(i = 1; i < gNum; i++)
        printf("%2d,",selected[i]);
    printf("%2d)\n",selected[i]);
    return 0;
}
```

4. 算法分析

算法的时间复杂度为 $O(nc)$，空间复杂度为 $O(nc)$。采用此方法求 0-1 背包问题要求物品重量和背包容量必须是整数。

11.4 实 验 任 务

任务 1：最大子数组问题(max continuous subarray)。

给定一个数组 $X[1,\cdots,n]$，对于任意一对数组下标为 l、$r(l\leqslant r)$ 的非空子数组，其和记为：

$$S(l,r) = \sum_{i=l}^{r}X[i]$$

求 $S(l,r)$ 的最大值，记为 $S_{\max}$。

如有数组 X 如下：

1	2	3	4	5	6	7	8	9	10
-1	-3	3	5	-4	3	2	-2	3	6

子数组 $X[3,\cdots,7]$,其和为:$3+5-4+3+2=9$。

子数组 $X[1,\cdots,10]$,其和为:$-1-3+3+5-4+3+2-2+3+6=12$。

子数组 $X[3,\cdots,10]$,其和为:$3+5-4+3+2-2+3+6=16$。

此数组中,最大子数组值为 $X[3,\cdots,10]=16$。

任务 2:最长公共子序列。

给定一个序列 $X=<x_1,x_2,x_3,x_4,\cdots,x_n>$,另一个序列 $Z=<z_1,z_2,z_3,z_4,\cdots,z_k>$,若存在一个严格递增的 x 的下标序列 $<i_1,i_2,i_3,\cdots,i_k>$ 对所有的 $1,2,3,4,\cdots,k$ 都满足 $x(i_k)=z_k$,则称 Z 是 X 的子序列。也就是将序列 X 中零个或多个元素去掉后所得的序列。例如序列 $X=<A,B,C,B,D,A,B>$,则序列 $<A,B,C,B,D,A,B>$、$<A,B,C,B>$、$<A,C,B,B>$ 都是序列 X 的子序列。如果一个序列 Z 既是 X 的子序列又是 Y 的子序列时,则称 Z 是序列 X 和序列 Y 的公共子序列。如给定序列 $Y=<B,D,C,A,B,A>$,则序列 $<C,A>$、$<A,B,A>$、$<B,D,B>$、$<B,C,A,B>$ 都是 X 和 Y 的公共子序列。给定序列 X 和序列 Y,求 X 和 Y 的最长公共子序列。

该问题的形式化描述为:给定序列 $X=<x_1,x_2,x_3,\cdots,x_n>$ 和序列 $Y=<y_1,y_2,y_3,\cdots,y_m>$,求解一个公共子序列 $Z=<z_1,z_2,z_3,\cdots,z_t>$,令 $\max|Z|$,满足:

$$<z_1,z_2,\cdots,z_t>=<x_{i_1},x_{i_2},\cdots,x_{i_t}>=<y_{j_1},y_{j_2},\cdots,y_{j_t}>$$
$$(1\leqslant i_1<i_2,\cdots,i_t\leqslant n;1\leqslant j_1<j_2,\cdots j_t\leqslant m)$$

11.5 任 务 提 示

1. 任务 1 提示

(1) 问题分析。

解决该问题最简单的方法就是蛮力枚举法,将所有可能的情况都枚举出来。对于数组 $X[1,\cdots,n]$,其所有的下标 $l,r(l\leqslant r)$ 的组合分为两种情况:

当 $l=r$ 时,一共 $C_n^1=n$ 种组合;

当 $l<r$ 时,一共 $C_n^2=n$ 种组合。

总共枚举 $n+C_n^2$ 种组合即可求出最大子数组和。

计算每个子数组和需要时间 $O(n)$,所以该方法的时间复杂度为 $O(n^3)$。

由于在计算过程中,很多计算是重复的,例如在计算 $X[2,\cdots,8]$ 和计算 $X[2,\cdots,9]$ 时重复计算了 $X[2,\cdots,8]$。可以将蛮力枚举进行优化,在计算 $X[2,\cdots,9]$ 时,用 $X[2,\cdots,8]+X[9]$。优化之后的时间复杂度为 $O(n^2)$。

还可以采用分治策略,用分治策略解决该问题的时间复杂度为 $O(n\log n)$。该问题能否用动态规划策略来解决呢?如果能时间复杂度是多少?

由蛮力枚举法分析可知,该问题具有子问题重叠性质,同时该问题也具有最优子结构性质。

用 $D[j]$ 表示子数组 $X[1,\cdots,j]$ 中最大值的和,即

$$D[j] = \max_{1 \leqslant i \leqslant j} \left\{ \sum_{k=i}^{j} a[k] \right\} \quad (1 \leqslant j \leqslant n)$$

问题的最优解为 $D[1]$ 到 $D[n]$ 的最大值，即 $\max_{1 \leqslant j \leqslant n} D[j]$。

某个数加上一个正数，其结果肯定大于该数，而加上一个负数肯定小于该数。

例如数组 X 有 6 个元素，各元素值分布如下：

1	2	3	4	5	6
1	3	−5	3	2	4

$D[1]=1$：只有一个数，就是最大值；

$D[2]=4$：$D[1]>0$，所以 $D[2]=D[1]+X[2]$；

$D[3]=-1$：$D[2]>0$，所以 $D[3]=D[2]+X[3]$；

$D[4]=3$：$D[3]<0$，所以 $D[4]=X[4]$；

$D[5]=5$：$D[4]>0$，所以 $D[5]=D[4]+X[5]$；

$D[6]=9$：$D[5]>0$，所以 $D[6]=D[5]+X[6]$。

	1	2	3	4	5	6
X	1	3	−5	3	2	4
D	1	4	−1	3	5	9

$D[1]$ 到 $D[6]$ 中最大值为 9，所以该问题的最大值为 9。

当 $D[j-1]>0$，$D[j]=D[j-1]+X[j]$，当 $D[j-1]<0$ 时，$D[j]=X[j]$。即

$$D[j] = \begin{cases} D[j-1]+X[j], & \text{当 } D[j-1]>0 \\ X[j], & \text{当 } D[j-1] \leqslant 0 \end{cases}$$

由此可判断出该问题具有最优子结构性质。

如何得到最优解，也就是子数组的起始位置呢？

由递推公式可知，$D[j]$ 表示 X 数组中前 j 个元素的最大的子数组的值，最后一个元素就是 $X[j]$。当 $D[j-1]>0$ 时，$D[j]$ 的值为 $D[j-1]+X[j]$，则计算 $D[j]$ 的起始元素和计算 $D[j-1]$ 的起始元素相同。当 $D[j-1] \leqslant 0$ 时，$D[j]$ 的值为 $X[j]$，则计算 $D[j]$ 的起始元素为 j。假设用数组 $\text{Rec}[1..n]$ 记录计算 $D[1..n]$ 时元素的起始位置，则有：

$$\text{Rec}[j] = \begin{cases} 1, & j=1 \\ \text{Rec}[j-1], & D[j-1]>0 \text{ 且 } j>1 \\ j, & D[j-1] \leqslant 0 \end{cases}$$

例如上例中的 $\text{Rec}[1..6]$ 值的计算过程如下。

$\text{Rec}[1]=1$：$j=1$；

$\text{Rec}[2]=1$：$D[1]>0$；

$\text{Rec}[3]=1$：$D[2]>0$；

$\text{Rec}[4]=4$：$D[3] \leqslant 0$；

$\text{Rec}[5]=4$：$D[4]>0$；

$\text{Rec}[6]=4$：$D[5]>0$。

	1	2	3	4	5	6
X	1	3	-5	3	2	4
D	1	4	-1	3	5	9
Rec	1	1	1	4	4	4

D 数组中 $D[6]$ 的值最大,对应位置 $Rec[6]$ 的值为 4,即数组 X 中 $X[4]$ 到 $X[6]$ 的和最大。

(2) 算法描述。

```
int MaxSubArray_DynamicProgramming(int * X, int n, int &besti, int &bestj)
{
    //数组 D 和数组 Rec,D[i]表示 X[1..i]的最大子数组和,Rec[i]表示取到 D[i]时子数组的起
    //始位置
    //给 D[1]和 Rec[1]赋初值
    D[1] = X[1];
    Rec[1] = 1;
    for(i = 2;i<=n; i++)
    {
        if(D[i-1] > 0)
        {
            D[i] = D[i-1] + X[i];
            Rec[i] = Rec[i-1];
        }
        else
        {
            D[i] = X[i];
            Rec[i] = i;
        }
    }
    //找到 D 数组中的最大值,以及求得该值的子数组起止位置
    maxSub = D[1];
    besti = 1;
    bestj = 1;
    for(i = 2; i <= n; i++)
    {
        if(D[i] > maxSub)
        {
            maxSub = D[i];
            besti = Rec[i];
            bestj = i;
        }
    }
    //返回最大和
    return maxSub;
}
```

（3）算法分析。

此问题可以用蛮力枚举法来解决,蛮力枚举法的时间复杂度为 $O(n^3)$。对蛮力枚举进行优化,减少重复计算,优化后的时间复杂度为 $O(n^2)$。利用动态规划策略的时间复杂度为 $O(n)$,只需扫描一遍数组。

2. 任务 2 提示

（1）问题分析。

设序列 $X_n=<x_1,x_2,x_3,\cdots,x_n>$ 和序列 $Y_m=<y_1,y_2,y_3,\cdots,y_m>$ 的最长公共子序列 $Z_k=<z_1,z_2,z_3,\cdots,z_k>$,则:

① 如果 $x_n=y_m$,则 $z_k=x_n=y_m$,则 Z_{k-1} 就是 X_{n-1} 和 Y_{m-1} 的最长公共子序列。

② 如果 $x_n\neq y_m$,且 $z_k\neq x_n$,则 Z 就是 X_{n-1} 和 Y_m 的最长公共子序列。

③ 如果 $x_n\neq y_m$,则 $z_k\neq y_m$,则 Z 就是 X_n 和 Y_{m-1} 的最长公共子序列。

其中,$X_{n-1}=<x_1,x_2,x_3,\cdots,x_{n-1}>$ 和序列 $Y_{m-1}=<y_1,y_2,y_3,\cdots,y_{m-1}>$ 的最长公共子序列 $Z_{k-1}=<z_1,z_2,z_3,\cdots,z_{k-1}>$。

由此可见,两个序列的最长公共子序列包含了这两个序列的前缀的最长公共子序列,此问题具有最优子结构性质。

当要找出 $X_n=<x_1,x_2,x_3,\cdots,x_n>$ 和序列 $Y_m=<y_1,y_2,y_3,\cdots,y_m>$ 的最长公共子序列,可以按照以下方式递归求解:

① 当 $x_n\neq y_m$ 时,找出 X_n 和 Y_{m-1} 的最长公共子序列以及 X_{n-1} 和 Y_m 的最长公共子序列,这两个公共子序列中较长的即为 X_n 和 Y_m 的最长公共子序列。

② 当 $x_n=y_m$ 时,找出 X_{n-1} 和 Y_{m-1} 的最长公共子序列 Z_{k-1},在 Z_{k-1} 的后面加上 x_n 即可得到 X_n 和 Y_m 的最长公共子序列。

下面举例来分析这两种情况。

情况 1:给定序列 $X_7=<A,B,C,B,D,A,B>$ 和序列 $Y_6=<B,D,C,A,B,A>$,求两者的公共子序列。

X:	A	B	C	B	D	A	B
Y:		B	D	C	A	B	A

此时 $x_7\neq y_6$,则 x_7 和 y_6 不可能同时出现在最长公共子序列中,则有两种可能。第一种可能,x_7 在最长公共子序列中,y_6 不在最长公共子序列中;第二种可能,x_7 不在最长公共子序列中,y_6 在最长公共子序列中。

第一种可能就变成在序列 $X_7=<A,B,C,B,D,A,B>$ 和序列 $Y_5=<B,D,C,A,B>$ 中查找最长公共子序列。

X:	A	B	C	B	D	A	B
Y:		B	D	C	A	B	~~A~~

第二种可能就变成在序列 $X_6=<A,B,C,B,D,A,B>$ 和序列 $Y_6=<B,D,C,A,B,A>$ 中查找最长公共子序列。

X：	A	B	C	B	D	A	B
Y：	B	D	C	A	B	A	

而序列 $X_7 = <A,B,C,B,D,A,B>$ 和序列 $Y_6 = <B,D,C,A,B,A>$ 的最长公共子序列应该是两者中长的那一个。

情况 2：给定序列 $X_7 = <A,B,C,B,D,A,B>$ 和序列 $Y_6 = <B,D,C,A,B,B>$，求两者的公共子序列。

X：	A	B	C	B	D	A	B
Y：		B	D	C	A	B	B

此时 $x_7 = y_6$，则 x_7 和 y_6 可能同时出现在最长公共子序列中，序列 X 和序列 Y 的最长公共子序列应该是 X 去掉 x_7 的子序列和 Y 去掉 y_6 的子序列的最长公共子序列再加上 B 这个元素。

根据最优子结构性质，建立子问题最优值的递归关系。假设用 $c[i][j]$ 表示序列 $X_i = <x_1,x_2,x_3,\cdots,x_i>$ 和序列 $Y_j = <y_1,y_2,y_3,\cdots,y_j>$ 的最长公共子序列的长度。则有如下递归关系：

$$c[i][j] = \begin{cases} 0 & i=0 \text{ 或者 } j=0 \\ c[i-1][j-1] & i,j>0 \text{ 且 } x_i = y_j \\ \max\{c[i][j-1],c[i-1][j]\} & i,j>0 \text{ 且 } x_i \neq y_j \end{cases}$$

在计算 X_n 和 Y_m 的最长公共子序列时，可能需要计算 X_n 和 Y_{m-1} 的最长公共子序列以及 X_{n-1} 和 Y_m 的最长公共子序列，而这两个公共子序列都包含一个公共子问题，即计算 X_{n-1} 和 Y_{m-1} 的最长公共子序列。由此可见，该问题具有子问题重叠的性质。

由递归关系可以看出，要计算 $c[i][j]$ 的值，先要计算 $c[i-1][j-1]$、$c[i][j-1]$ 和 $c[i-1][j]$ 的值，所以数组 c 的计算顺序是自底向上的过程。如下表所示，从第 1 行开始往后计算，每行从左往右计算。最后计算的 $c[n][m]$ 即为问题所求的最长公共子序列的长度，如表 11-10 所示。

表 11-10 c 数组中元素的计算顺序

$c[i][j]$	$j=0$	$j=1$	$j=2$	$\cdots$	$j=m$
$i=0$	0	0	0	0	0
$i=1$					
$i=2$	0				
$\cdots$	0				
$i=n$	0				

例如，给定序列 $X_7 = <A,B,C,B,D,A,B>$ 和序列 $Y_6 = <B,D,C,A,B,A>$，求两者的公共子序列长度的过程如下。

当 $i=0$ 或者 $j=0$ 时，$c[i][j]$ 的值为 0，如表 11-11 所示。

表 11-11 c 数组的计算(一)

c	0	1	2	3	4	5	6
0	0	0	0	0	0	0	0
1	0						
2	0						
3	0						
4	0						
5	0						
6	0						
7	0						

先计算第 1 行,即 $c[1][j]$,j 从 1 到 6。

$c[1][1]$：$x_1 \neq y_1$,$c[1][1] = \max\{c[0][1], c[1][0]\} = 0$;

$c[1][2]$：$x_1 \neq y_2$,$c[1][2] = \max\{c[0][2], c[1][1]\} = 0$;

$c[1][3]$：$x_1 \neq y_3$,$c[1][3] = \max\{c[0][3], c[1][2]\} = 0$;

$c[1][4]$：$x_1 = y_4$,$c[1][4] = c[0][3] + 1 = 1$;

$c[1][5]$：$x_1 \neq y_5$,$c[1][5] = \max\{c[0][5], c[1][4]\} = 1$;

$c[1][6]$：$x_1 = y_6$,$c[1][6] = c[0][5] + 1 = 1$,如表 11-12 所示。

表 11-12 c 数组的计算(二)

c	0	1	2	3	4	5	6
0	0	0	0	0	0	0	0
1	0	0	0	0	1	1	1
2	0						
3	0						
4	0						
5	0						
6	0						
7	0						

接着计算第 2 行。

$c[2][1]$：$x_2 = y_1$,$c[2][1] = c[1][0] + 1 = 1$;

$c[2][2]$：$x_2 \neq y_2$,$c[2][2] = \max\{c[1][2], c[2][1]\} = 1$;

$c[2][3]$：$x_2 \neq y_3$,$c[2][3] = \max\{c[1][3], c[2][2]\} = 1$;

$c[2][4]$：$x_2 \neq y_4$,$c[2][4] = \max\{c[1][4], c[2][3]\} = 1$;

$c[2][5]$：$x_2 = y_5$,$c[2][5] = c[1][4] + 1 = 2$;

$c[2][6]$：$x_2 \neq y_6$,$c[2][6] = \max\{c[1][6], c[2][5]\} = 2$,如表 11-13 所示。

表 11-13 c 数组的计算(三)

c	0	1	2	3	4	5	6
0	0	0	0	0	0	0	0
1	0	0	0	0	1	1	1
2	0	1	1	1	1	2	2
3	0						
4	0						
5	0						
6	0						
7	0						

后面 5 行用同样的方法求出,最后 c 数组中的元素如表 11-14 所示。

表 11-14 c 数组各元素的值

c	0	1	2	3	4	5	6
0	0	0	0	0	0	0	0
1	0	0	0	0	1	1	1
2	0	1	1	1	1	2	2
3	0	1	1	2	2	2	2
4	0	1	1	2	2	3	3
5	0	1	2	2	2	3	3
6	0	1	2	2	3	3	4
7	0	1	2	2	3	4	4

因此该问题的最长公共子序列的长度为 4。

如何求出最长公共子序列呢?

由递推公式可知:

当 $x_i = y_j$ 时,$c[i][j]$ 等于 $c[i-1][j-1]$ 加 1,则序列 X_i 和 Y_j 的最长公共子序列就是序列 X_{i-1} 和 Y_{j-1} 的最长公共子序列加上 x_i 或者 y_j;

当 $x_i \neq y_j$ 时,$c[i][j]$ 等于 $c[i][j-1]$ 和 $c[i-1][j]$ 两者的大者,当 $c[i][j]$ 等于 $c[i][j-1]$ 时,则序列 X_i 和 Y_j 的最长公共子序列就是序列 X_i 和 Y_{j-1} 的最长公共子序列;当 $c[i][j]$ 等于 $c[i-1][j]$ 时,则序列 X_i 和 Y_j 的最长公共子序列就是序列 X_{i-1} 和 Y_j 的最长公共子序列。

用 Rec 数组记录每次计算 $c[i][j]$ 时是由哪个值计算而来,用 O 表示 $c[i][j]$ 是由 $c[i-1][j-1]$ 计算而来,用 U 表示 $c[i][j]$ 是由 $c[i-1][j]$ 计算而来,用 L 表示 $c[i][j]$ 是由 $c[i][j-1]$ 计算而来。则有:

$$\text{Rec}[i][j] = \begin{cases} O, & \text{if } c[i][j] = c[i-1][j-1]+1 \\ U, & \text{if } c[i][j] = c[i-1][j] \\ L, & \text{if } c[i][j] = c[i][j-1] \end{cases}$$

上例的 Rec 数组各元素的值如表 11-15 所示。

表 11-15　Rec 数组各元素的值

Rec	1	2	3	4	5	6
1	U	U	U	O	L	O
2	O	L	L	U	O	L
3	U	U	O	L	U	U
4	O	U	U	U	O	L
5	U	O	U	U	U	U
6	U	U	U	O	U	O
7	O	U	U	U	O	U

接着根据 Rec 数组的元素追踪出最长公共子序列。从 $\text{Rec}[n][m]$ 开始往前追踪,当 $\text{Rec}[i][j]$ 等于"U"时,往上走找 $\text{Rec}[i-1][j]$;当 $\text{Rec}[i][j]$ 等于"L"时,往上走找 $\text{Rec}[i][j-1]$;当 $\text{Rec}[i][j]$ 等于"O"时,往左上走找 $\text{Rec}[i-1][j-1]$,同时找到最长公共子序列中的一个元素,该元素为 x_i 或者 y_j(这两个元素是相等的),如表 11-16 所示。

表 11-16　利用 Rec 数组求解过程

Rec	1	2	3	4	5	6
1	U	U	U	O	L	
2	(O)	(L)	L	U	O	L
3	U	U	(O)	(L)	U	U
4	O	U	U	U	(O)	L
5	U	O	U	U	(U)	U
6	U	U	U	O	U	(O)
7	O	U	U	U	O	(U)

例如,根据上例中的 Rec 值求解最长公共子序列的过程如下表所示。得到的元素依次为 x_6、x_4、x_3、x_2,从而得到 X 和 Y 的最长公共子序列为"BCBA"。

(2) 算法描述。

```
//求长度为 n 的序列 X 和长度为 m 的序列 Y 的最长公共子序列,返回序列的长度,用 longestCS 返
//回最长公共子序列
int LCSLength(char * X,int n,char * Y,int m,char * longestCS)
{
//用数组 c[n][m]存放最长公共子序列的长度
//用数组 Rec[n][m]来记录对应 c 中的元素是如何计算而来
```

```
//给 c 的第 0 行和第 0 列的元素赋值 0
for(i = 0; i < n+1; i++)
    c[i][0] = 0;
for(i = 0; i < m+1;i++)
    c[0][i] = 0;
//开始计算数组 c 和数组 Rec 的值
for(i = 1; i < n+1; i++)
{    //从第 1 行开始,一行一行计算
    for(j = 1; j < m+1; j++)
    {
        //每行从第 1 列开始,从左往右计算
        if(X[i] == Y[j])
        {
            c[i][j] = c[i-1][j-1]+1;
            Rec[i][j] = 'O';            //表示左上
        }
        else
        {
            if(c[i-1][j] >= c[i][j-1])
            {
                c[i][j] = c[i-1][j];
                Rec[i][j] = 'U';        //表示上
            }
            else
            {
                c[i][j] = c[i][j-1];
                Rec[i][j] = 'L';        //表示左
            }
        }
    }
}
//根据 Rec 的值推出最长公共子序列
i = n; j = m;
t = Rec[n][m];                          //存储 Rec 数组中的元素
z = c[n][m]-1;                          //longestCS 数组下标
while(i > 0 && j > 0)
{
    //取到 Rec 数组中对应位置的值
    t = Rec[i][j];
    if(t == 'O')                //如果等于'O',最长公共子序列包括字符 X[i]或者 Y[j]
    {
        longestCS[z] = X[i];
        i--;
        j--;
        z--;
```

```
        }
        else if(t == 'U')                    //如果等于'U',往上取
        {
          i--;
        }
        else                                 //如果等于'L',往左取
        {
          j--;
        }
    }
    //最后一个字符后面加结束符
    longestCS[c[n][m]]= '\0';
    //返回最长公共子序列的长度
    return c[n][m];
}
```

（3）算法分析。

如果给定的两个序列的长度分别是 m 和 n，则算法 LCSLength 的时间复杂度为 $O(mn)$。

附　录　A

A.1　动态空间分配

在 C/C++ 语言中,内存分配有三种形式:从静态存储区域分配、在栈上分配、从堆上分配。从堆上分配也被称为动态内存分配,它是由程序员手动完成申请和释放,即程序在运行的时候由程序员使用内存分配函数(如 malloc 函数)来申请任意大小的内存,使用完之后再由程序员使用内存释放函数(如 free 函数)来释放内存。也就是说,动态内存的整个生存期是由程序员决定的,使用非常灵活。需要注意的是,如果在堆上分配了内存空间,就必须及时释放它,否则将会导致运行程序出现内存泄漏等错误。

对内存的动态分配是通过系统提供的库函数来实现的,C 语言中主要有 malloc、calloc、free 和 realloc 这四个函数。这些函数一般在头文件 stdio.h 中,有些编译系统在 malloc.h 中。C++ 中主要通过运算符 new 和 delete 来实现。

1. malloc 函数

malloc 函数的原型如下:

```
void * malloc (unsigned int size)
```

其中,函数参数 size 为一个无符号整型,不允许为负数。该函数功能是在内存的动态存储区分配长度为 size 的连续空间。分配成功,则返回所分配区域的第一个字节的地址;分配失败,如内存空间不足,则返回空指针 NULL。

例如:

```
p=malloc(100);
```

动态分配长度为 100 字节的连续空间,分配成功则将空间的首地址赋予 p,分配失败,p 的值为 NULL。

2. calloc 函数

calloc 函数的原型如下:

```
void * calloc(unsigned n, unsigned size)
```

该函数有 n 和 size 两个参数,这两个参数均为无符号整型。该函数的功能是在内存的动态存储区中分配 n 个长度为 size 的连续空间。分配成功,则返回所分配区域的第一个字节的地址;分配失败,返回空指针 NULL。

例如:

```
p=calloc(50,4);
```

动态分配长度为 50×4 字节的连续空间,分配成功则将空间的首地址赋予 p,分配失败,p 的值为 NULL。

3. realloc 函数

realloc 函数原型如下:

```
void * realloc (void * p, unsigned int size)
```

该函数用来重新分配动态存储区。该函数有两个参数：指针 p 和无符号整型 size，将 p 所指动态空间的大小改为 size，这里 size 可以比原来的空间大，也可以比原来的空间小。p 必须是在动态内存空间分配成功的指针，p 的值不变。如果重新分配失败，函数则返回 NULL，但是 p 的值不变。

例如：

```
calloc(p,100);
```

将 p 所指向的已分配的动态空间改为 100 字节。

4. sizeof 运算符

在动态分配空间时，经常会用到 sizeof 运算符，其格式如下：

```
sizeof(类型名)
```

该运算符用来获得类型的字节数，如 sizeof(int)的值为 4，如果定义了一个结构体类型 Book，可用 sizeof(Book)返回一个结构体所需空间的字节数。

5. free 函数

动态分配的空间使用完后需要释放，释放空间的函数为 free 函数，其原型如下：

```
void free(void * p)
```

参数 p 为要释放的内存指针。该函数用来释放指针变量在堆区上的内存空间，不能释放栈上的内存空间。free 要与 malloc（或 calloc、realloc）成对使用。

6. 运算符 new 和 delete

教材中使用 new 来动态分配空间，用 delete 来释放动态分配的空间，这是 C++ 中的两个运算符。下面，简单介绍这两个运算符的使用方法。

（1）运算符 new。

可以用 new 开辟单变量地址空间，格式为

```
new 类型名
```

每种类型所占空间字节数是不同的，系统会根据 new 后面的类型来判定需要分配多少个字节空间。分配成功将返回空间地址，失败则为空。

例如：

```
int * p;
p = new int;
```

首先定义指向 int 类型的指针 p，然后通过 new 动态分配能放一个整型数据的空间，并把空间地址赋予 p，p 就指向该空间。

在分配空间的同时可以给该空间赋初值，格式为

```
new 类型名(初值)
```

例如：

```
int * p;
p = new int(2);
```

定义指向 int 类型的指针 p，用 new int(2)在动态分配空间的同时将 2 赋值给 p 所指向

的内存单元,即 ∗ p 等于 2。

还可以用 new 开辟数组空间,即开辟连续的存储空间,使用格式为

new 类型名[个数]

例如:

int ∗ t = new int[10];

开辟一个大小为 10 的整型数组空间。也可以通过 new 开辟多维数组空间,感兴趣的同学可以取查阅相关资料。

(2) 运算符 delete。

用 new 动态分配的空间需用 delete 来释放。用 delete 释放一个空间单元的格式为

delete 指针名

用来释放指针所指内存单元。例如释放通过 new 分配的空间,空间地址存放在指针 p 中,所以释放该空间格式为

delete p;

若释放数组空间,其格式为

delete[] 指针名

若释放之前分配的数组空间 t,其格式为

delete[] t;

表示释放首地址为 t 的连续空间。

注意:

① 用 delete 释放指针所指向的内存空间,被释放的空间必须是 new 操作的返回值。

② 如果使用 new 和 delete,源程序文件应为 C++ 文件。

A.2 结 构 体

1. 结构体类型定义

在现实应用中,一些数据之间有联系,但数据类型不同,它们需要一起处理。例如图书数据,每本图书需要存储书号、书名和书的价格,这几个数据的类型不同,如书号是字符数组,书名也是字符数组,价格是浮点型数组。而这三个数据描述一本书的信息,是一个整体。如何定义呢?

C 语言允许用户建立由不同类型数据组成的组合型的数据结构,即结构体。

结构体定义格式为

```
struct  结构体名{
    type1  成员 1;
    type2  成员 2;
       …
    typen  成员 n;
};
```

struct 是定义结构体的关键字,结构体名称由用户指定,必须符合标识符命名规定。花括号内是该结构体所包含的子项,称为结构体的成员,每个成员都需要给定类型和名称。

注意定义结构体时,花括号后面要有语句结束符。

定义图书数据结构体如下:

```
struct Book {
    char no[30];        //书号
    char name[50];      //书名
    float price;        //价格
};
```

结构体名称为 Book,结构体中有三个成员,分别是存储书号的 no,长度为 15 的 char 类型数组,存储书名的 name,长度为 20 的 char 类型数组,存储书价格的 price,类型为 float。

结构体类型并不是只有一种,根据问题的需要可以定义出多种结构体类型,例如定义存储学生信息的 struct Student 结构体类型,存储日期的 struct Date 结构体类型等,它们各自包含不同的成员。

结构体成员的类型可以是另一种结构体类型,例如 struct Student 结构体中的出生日期是 struct Date 类型。

2. 结构体变量

结构体类型定义完成后,可以来定义结构体类型的变量。

定义完成的一个结构体类型相当于一个模型,并没有定义变量,其中并无具体数据,系统对之也不分配存储单元。为了能在程序中使用结构体类型的数据,应当定义结构体类型的变量,并在其中存放具体的数据。

声明结构体类型变量的格式和标准类型是相同的:

结构体类型名　变量名

例如:

```
Book b1;
```

定义了 Book 类型的变量 b1。可以给变量 b1 中的成员赋值。引用结构体中成员的格式为:

结构体变量名.结构体成员名

例如给 b1 中的三个成员赋值:

```
strcpy(b1.no , "978-7-48144-7");
strcpy(b1.name, "C Program");
b1.price = 39.0;
```

输出该书的信息为:

```
printf("No: %s\n", b1.no);
printf("Name: %s\n", b1.name);
printf("price: %7.2f\n", b1.price);
```

3. 结构体数组

结构体数组的定义和标准类型数组定义格式相同:

结构体类型名　数组名[数组长度]

例如：

```
Book book[10];
```

定义了一个长度为 10 的数组 book，数组元素的类型为结构体类型。可以为数组中的每个元素赋值。

```
for(i =0; i < 10; i++)
{
    scanf("%s", book[i].no);          //输入书号
    scanf("%s", book[i].name);        //输入书名
    scanf("%f", &book[i].price);      //输入价格
}
```

数组中的元素就是结构体变量，所以引用元素中的成员格式为数组名[下标].成员名。

4. 结构体指针

结构体指针的定义格式为：

结构体名称　*指针名

例如：

```
Book * bp;
```

定义了一个指向结构体类型的指针变量。该指针需有指向，即需给该结构体指针赋值。

例如：

```
bp = &b1;
```

将结构体变量 b1 的地址赋予指针变量 bp，bp 就指向该结构体。

使用指针引用结构体成员的格式为：

结构体指针名->成员名

例如：

```
strcpy(bp->no,"978-7-302");
strcpy(bp->name,"C program");
bp->price = 39.0;
```

给 pb 所指的结构体各个成员赋值。

也可以用(*结构体指针名).成员名来引用结构体成员。如给 no 赋值的语句也可以为：strcpy((*bp).no,"978-7-302");，给 name 赋值的语句可以为：strcpy((*bp).name,"C program");，给 price 赋值的语句可以为：(*bp).price=39.0;。

A.3　引　　用

引用是 C++ 引入的新语言特性，是 C++ 常用的重要内容之一。正确、灵活地使用引用，可以使程序简洁、高效。引用就是某一变量(目标)的一个别名，例如有人名叫李小虎，他的绰号是"虎子"，说"虎子"如何，其实就是说李小虎如何。所以对引用的操作与对变量直接

操作完全一样。引用通常用于函数的参数表中和函数的返回值,但也可以独立使用。独立使用时,引用的声明方法如下:

类型标识符 & 引用名＝目标变量名；

例如:

```
int a;
int &ra=a;
```

定义了一个整型变量 a 和引用 ra , ra 它是变量 a 的引用。

使用引用时,必须注意以下规则:

(1) & 不是求地址运算,而是起标识作用,表示 ra 是 a 引用。

(2) 类型标识符是指目标变量的类型。因为引用只是一个别名,所以类型必须和目标变量相同。不存在 NULL 引用,必须确保引用是和一块合法的存储单元关联。

(3) 声明引用时,必须同时对其进行初始化。引用必须被初始化指向一个存在的对象。

(4) 引用声明完毕后,相当于目标变量有两个名称,即该目标原名称和引用名,且不能再把该引用名作为其他变量名的别名。 $ra=10$ 等价于 $a=10$ 。

(5) 声明一个引用,不是新定义了一个变量,它只表示该引用名是目标变量名的一个别名,它本身不是一种数据类型,因此引用本身不占存储单元,系统也不给引用分配存储单元。对引用求地址,就是对目标变量求地址,故 $\&ra$ 与 $\&a$ 相等。

(6) 不能建立数组的引用。因为数组是由若干个元素所组成的集合,所以无法建立一个数组的别名。

引用要点是任何引用必须和存储单元联系。但访问引用时,就是在访问存储单元。如: $ra++$;实际上是增加 a 的值。

由于引用不是变量,不能说明引用的引用,也不能说明数组元素的类型为引用数组,或指向引用的指针。引用与指针不同,指针的内容或值是某一变量的内存单元地址,而引用则与初始化它的变量具有相同的内存单元地址。指针是个变量,可以把它再赋值成其他的地址,然而,建立引用时必须进行初始化并且决不会再指向其他不同的变量。

例 A.1 引用示例,定义一个整型变量的引用。

分析:定义整型变量的引用格式为: int a; int $\&ra=a$;,在程序中可以操作原变量和引用它的变量。

```
#include <stdio.h>
int main()
{
    int num=50;
    int &ref=num;
    ref+=10;
    printf("num=%d\n",num);
    printf( "ref=%d\n",ref);
    num+=40;
    printf("num=%d\n",num);
    printf( "ref=%d\n",ref);
    return 0;
}
```

运行以上程序,输出的结果为:

```
num=60
ref=60
num=100
ref=100
```

本例开始执行时,num 是一个整型变量,它会在内存中占一个整型大小的空间,初值为50,执行 int &ref=num 后,ref 是 num 的一个别名,其引用的是 num 所在内存空间的值。程序执行过程中,内存中值的变化如图 A-1 所示。

图 A-1 程序执行时,内存中值的变化

A.4 函   数

在程序设计中,引入函数实现了模块化程序设计。利用函数可以将一个大的问题化繁为简,每个函数完成某个功能,各个函数之间分工合作,各负其责,各尽所能。

函数需先定义,然后调用。函数的定义格式为

类型 函数名([形参列表])
{
    函数体
}

类型表示函数返回值的类型,如果函数不需要返回值,则返回类型为 void。每个函数都有一个名字,在调用时通过函数名来调用。形参列表可以有,也可以没有,如果有形参,每个形参包括类型和名称,在调用函数时会给形参传递数据。函数体由实现某个功能的语句组成。

函数定义好后就可以调用函数,调用格式为

函数名([实参列表])

函数调用时实参必须与形参在类型、个数、顺序上保持一致,在调用函数过程中,系统会把实参的值传递给被调用函数的形参。或者说,形参从实参得到一个值。

例 A.2 用函数实现求两个整数中值较大者,并将其返回给主调函数。

分析:函数的功能是求两个整数的大者,需将两个整数传递给该函数,所以函数有两个整形参数。求出大者后需将值返回给主调函数,所以函数的返回类型为整型。假设将函数命名为 max,则函数的原型为: int max(int x ,int y)。函数体实现将两个参数进行比较,将大者赋值给另一个变量 z ,并将 z 值返回。

```
#include <stdio.h>
int max(int x, int y)
```

```
{
    int z;
    if(x > y)
        z = x;
    else
        z = y;
    return z;
}
int main()
{
    int a,b,c;
    printf("Input two integer numbers: ");
    scanf("%d%d",&a,&b);
    c = max(a,b);         //调用函数
    printf("max is %d\n",c);
    return 0;
}
```

下面分析一下程序的执行过程。系统给变量 a 和 b 分配能放一个整型数据的内存单元,然后输入两个整数,假设输入 10 和 20,将 10 赋给 a,20 赋给 b,如图 A-2 所示。

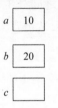

图 A-2　输入整数

接着执行语句 $c = \max(a,b)$,执行这条语句时先调用函数 max,这时系统转向执行 max 函数,先给形式参数 x 和 y 分配空间,同时将实参 a 的值赋给 x,实参 b 的值赋给 y,x 值为 10,y 的值为 20,如图 A-3 所示。

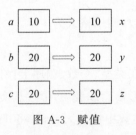

图 A-3　赋值

接着执行 max 函数的函数体,先定义局部变量 z,给 z 分配空间,然后执行 if 语句,将大者 y 的值赋予 z。接着执行 return z;,max 函数执行完毕。返回到主函数,同时将 z 的值 20 返回,将 20 赋予 c,max 函数中的局部变量 x、y、z 的空间被释放。最后系统输出 c 的值,即 20。

这就是程序的运行过程,执行过程中系统把实参的值传递给被调用函数的形参,当函数执行完后,形参就不复存在。

例 A.3 用函数实现将两个整数交换。要求在主调函数中输入两个整数,并输出交换之后的两个整数。

分析:本案例中函数需要将两个整数交换后并返回给主调函数,而函数只能返回一个值,所以不能将交换后的两个值返回。函数执行过程中修改的是形参的值,实参的值不变,要想通过改变形参而使对应的实参跟着变化,我们可以将形参定义为指针类型,使得形参和实参指向同一个内存单元,然后在函数中修改形参指针所指内存单元的值,实际上就是修改实参指针所指内存单元中的值。

```c
#include <stdio.h>
void swap1(int * p, int * q)
{
      int t;
      //交换指针 p 和指针 q 所指内存单元中的值
      t= * p;
      * p= * q;
      * q=t;
}
int main()
{
      int a,b;
      scanf("%d%d",&a, &b);
      swap1(&a, &b);          //调用函数,实参也为指针
      printf("a=%d,b=%d ",a,b);
      return 0;
}
```

下面分析一下程序的执行过程。系统先给变量 a 和 b 分配空间,假设输入 10 和 20,将 10 和 20 分别赋值给 a 和 b。然后调用函数 swap1,将 a 的地址和 b 的地址分别赋值给指针变量 p 和 q,p 指向 a,q 指向 b,如图 A-4 所示。

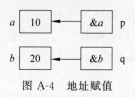

图 A-4　地址赋值

在 swap1 函数体中,交换 p 和 q 所指内存单元中的值,实际上是交换 a 和 b 的值,如图 A-5 所示。

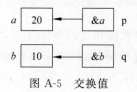

图 A-5　交换值

当 swap1 函数执行完毕,指针 p 和指针 q,以及变量 t 的空间将被释放。

注意:在 swap2 函数中交换的是指针所指单元的值,而不是指针的值。如果交换指针

的值,则 a 和 b 的值不会交换。

例 A.4 使用引用作为函数参数实现例 A.3 中的功能。

分析:要想实参随着形参的变化而变化,另一种方法就是利用引用,将函数的形参定义为引用。

```
#include <stdio.h>
void swap2(int &m, int &n)
{
        int temp;
        temp=m;
        m=n;
        n=temp;
}
int main()
{
    int a,b;
    scanf("%d%d",&a,&b);
    swap2(a,b);
    printf("a=%d,b=%d ",a,b);
    return 0;
}
```

下面分析一下程序的执行过程。先给实参 a 和 b 分配空间,假设输入 10 和 20,将 10 和 20 分别赋值给 a 和 b。然后调用 swap2 函数,形参 m 和 n 是引用类型,是对实参的引用,相当于给实参 a、b 取了别名,如图 A-6 所示。

图 A-6　空间分配

接着执行 swap2 的函数体,在函数体中交换的是 m 和 n 的值,实际上是交换了 a 和 b 的值。当 swap2 函数执行完毕,回到主函数后,a、b 的值改变了。

关于引用类型作形参的说明如下:

① 形参变化实参也发生变化。

② 引用类型作形参,在内存中并没有产生实参的副本,它直接对实参进行操作。

③ 当参数传递的数据量较大时,引用更加高效。

但是需要注意,C 语言中不能用引用内容,只能在 C++ 语言中使用,也就是在建立源文件时,需建立 C++ 源程序文件。

例 A.5 用函数将数组中的整数按相反的顺序存放,要求输入和输出在主函数中完成。

分析:本案例中需将数组传递给函数,所以需将数组作为函数的参数。同时还需将数组的长度作为函数的形参。由于对形参数组元素所做的任何改变都将反映到实参数组中,所以本例中不需要返回值。假设将函数名定义为 fun,则函数的原型为:void fun(int $b[\,]$,int n)。函数体中使用两个变量 i 和 j,i 从第一个元素(下标为 0)开始往后,j 从最后一个元素(下标为 $n-1$)开始往前,将下标为 i 的元素和下标为 j 的元素交换,直到 $i \geqslant j$。

```c
#include <stdio.h>
#define N 10
void fun(int b[ ], int n)
{
    int i, j, temp, m;
    for(i=0, j=n-1 ; i<j; i++, j--)
    {
        //将 b[i]和 b[j]交换
        temp=b[i];
        b[i]= b[j];
        b[j]=temp;
    }
}
int main( )
{
  int a[N], i;
  for(i=0;i<N;i++)
      scanf("%d", &a[i]);
  fun(a, 10);
  for(i=0; i<N; i++)
      printf("%d  ", a[i]);
  return 0;
}
```

函数调用过程中将实参 a 的值赋给形参 b,实参 a 是数组的首地址,b 也就是数组 a 的首地址。在函数中对数组 b 进行操作就是对数组 a 进行操作,如图 A-7 所示。

图 A-7 函数调用

在很多应用中,都需要使用数组名作参数,传递的是数组的首地址。上述 fun 函数通常写为 fun(int * b, int n)的形式。

参 考 文 献

[1] 严蔚敏,吴伟民. 数据结构(C 语言版)[M]. 北京：清华大学出版社，2006.

[2] 王红梅,胡明,王涛. 数据结构(C++ 版)[M]. 2 版. 北京：清华大学出版社,2011.

[3] 王红梅,胡明,王涛. 数据结构(C++ 版)学习辅导与实验指导[M]. 2 版. 北京：清华大学出版社,2011.

[4] 王晓东. 计算机算法设计与分析[M]. 5 版. 北京：电子工业出版社,2022.

[5] Cormen T H, Leiserson C E, Tivest R L, et al. 算法导论[M]. 殷建平,徐云,王刚,刘晓光,等译. 北京：机械工业出版社,2013.

[6] 董洁，赵明. 数据结构学·练·考[M]. 北京：电子工业出版社,2013.

[7] 谭浩强. C 程序设计[M]. 5 版. 北京：清华大学出版社,2021.

图书资源支持

感谢您一直以来对清华版图书的支持和爱护。为了配合本书的使用，本书提供配套的资源，有需求的读者请扫描下方的"书圈"微信公众号二维码，在图书专区下载，也可以拨打电话或发送电子邮件咨询。

如果您在使用本书的过程中遇到了什么问题，或者有相关图书出版计划，也请您发邮件告诉我们，以便我们更好地为您服务。

我们的联系方式：

清华大学出版社计算机与信息分社网站：https://www.shuimushuhui.com/

地　　址：北京市海淀区双清路学研大厦 A 座 714

邮　　编：100084

电　　话：010-83470236　　010-83470237

客服邮箱：2301891038@qq.com

QQ：2301891038（请写明您的单位和姓名）

资源下载：关注公众号"书圈"下载配套资源。

资源下载、样书申请

书圈

图书案例

清华计算机学堂

观看课程直播